博 物 館 裏 的 中 國

發現絕妙器皿

宋新潮　潘守永　主編

張鵬　編著

推薦序

一直以來不少人說歷史很悶，在中學裏，無論是西史或中史，修讀的人逐年下降，大家都著急，但找不到方法。不認識歷史，我們無法知道過往發生了什麼事情，無法鑒古知今，不能從歷史中學習，只會重蹈覆轍，個人、社會以至國家都會付出沉重代價。

歷史沉悶嗎？歷史本身一點不沉悶，但作為一個科目，光看教科書，碰上一知半解，或學富五車但拙於表達的老師，加上要應付考試，歷史的確可以令人望而生畏。

要生活於二十一世紀的年青人認識上千年，以至數千年前的中國，時間空間距離太遠，光靠文字描述，顯然是困難的。近年來，學生往外地考察的越來越多，長城、兵馬俑坑絕不陌生，部分同學更去過不止一次，個別更遠赴敦煌或新疆考察。歷史考察無疑是讓同學認識歷史的好方法。身處歷史現場，與古人的距離一下子拉近了。然而，大家參觀故宮、國家博物館，乃至敦煌的莫高窟時，對展出的文物有認識嗎？大家知道什麼是唐三彩？什麼是官、哥、汝、定瓷嗎？大家知道誰是顧愷之、閻立本，荊關董巨四大畫家嗎？大家認識佛教藝術的起源，如何傳到中國來的嗎？假如大家對此一無所知，也就是說對中國文化藝術一無所知的話，其實往北京、洛陽、西安以至敦煌考察，也只是淪於"到此一遊"而已。依我看，不光是學生，相信本港大部分中史老師也都缺乏對文物的認識，這是香港的中國歷史文化學習的一個缺環。

早在十多年前還在博物館工作時，我便考慮過舉辦為中小學老師而設的中國文物培訓班，但因各種原因終未能成事，引以為憾。七八年前，中國國家博物館出版了《文物中的中國歷史》一書，有助於師生們透過文物認識歷史。是次，由宋新潮及潘守永等文物專家編寫的"博物館裏的中國"，內容更闊，讓大家可安坐家中"參觀"博物館，通過文物，認識中國古代燦爛輝煌的文明。謹此向大家誠意推薦。

丁新豹

序

在這裏，讀懂中國

　　博物館是人類知識的殿堂，它珍藏著人類的珍貴記憶。它
不以營利為目的，面向大眾，為傳播科學、藝術、歷史文化服
務，是現代社會的終身教育機構。

　　中國博物館事業雖然起步較晚，但發展百年有餘，博物
館不論是從數量上還是類別上，都有了非常大的變化。截至目
前，全國已經有超過四千家各類博物館。一個豐富的社會教育
資源出現在家長和孩子們的生活裏，也有越來越多的人願意到
博物館遊覽、參觀、學習。

　　"博物館裏的中國"是由博物館的專業人員寫給小朋友們的
一套書，它立足科學性、知識性，介紹了博物館的豐富藏品，
同時注重語言文字的有趣與生動，文圖兼美，呈現出一個多樣
而又立體化的"中國"。

　　這套書的宗旨就是記憶、傳承、激發與創新，讓家長和孩
子通過閱讀，愛上博物館，走進博物館。

記憶和傳承

　　博物館珍藏著人類的珍貴記憶。人類的文明在這裏保存，人類的文化從這裏發揚。一個國家的博物館，是整個國家的財富。目前中國的博物館包括歷史博物館、藝術博物館、科技博物館、自然博物館、名人故居博物館、歷史紀念館、考古遺址博物館以及工業博物館等等，種類繁多；數以億計的藏品囊括了歷史文物、民俗器物、藝術創作、化石、動植物標本以及科學技術發展成果等諸多方面的代表性實物，幾乎涉及所有的學科。

　　如果能讓孩子們從小在這樣的寶庫中徜徉，年復一年，耳濡目染，吸收寶貴的精神養分成長，自然有一天，他們不但會去珍視、愛護、傳承、捍衛這些寶藏，而且還會創造出更多的寶藏來。

激發和創新

　　博物館是激發孩子好奇心的地方。在歐美發達國家，父母在周末帶孩子參觀博物館已成為一種習慣。在博物館，孩子們既能學知識，又能和父母進行難得的交流。有研究表明，十二歲之前經常接觸博物館的孩子，他的一生都將在博物館這個巨大的文化寶庫中汲取知識。

　　青少年正處在世界觀、人生觀和價值觀的形成時期，他們擁有最強烈的好奇心和最天馬行空的想像力。現代博物館，既擁有千萬年文化傳承的珍寶，又充分利用聲光電等高科技設備，讓孩子們通過參觀遊覽，在潛移默化中學習、了解中國五千年文化，這對完善其人格、豐厚其文化底蘊、提高其文化素養、培養其人文精神有著重要而深遠的意義。

讓孩子從小愛上博物館，既是家長、老師們的心願，也是整個社會特別是博物館人的責任。

基於此，我們在眾多專家、學者的支持和幫助下，組織全國的博物館專家編寫了"博物館裏的中國"叢書。叢書打破了傳統以館分類的模式，按照主題分類，將藏品的特點、文化價值以生動的故事講述出來，讓孩子們認識到，原來博物館裏珍藏的是歷史文化，是科學知識，更是人類社會發展的軌跡，從而吸引更多的孩子親近博物館，進而了解中國。

讓我們穿越時空，去探索博物館的秘密吧！

潘守永

於美國弗吉尼亞州福爾斯徹奇市

目錄

第 3 章　從紅山玉龍到大禹治水圖玉山

第 4 章　從曾侯乙墓漆棺到太和殿龍椅

導 言

中華文化的印記

你知道什麼是多寶格嗎？那是一種專門用來擺放珍貴古物的家具，它有好多大小不一、錯落相間的格子，也被叫作百寶格或博古格，不管從屋內的哪個角度都可以看到小格子裏的古物。也許大家在長輩的家中見到這種家具時，並沒覺得有多稀奇。要告訴大家的是，這其實是一件很神奇的家具。從名字上就能知道，擺在上面的器皿一定都是很寶貝的東西，而且都有一段歷史。也許是關於這件器皿是怎樣被我們發現的，也許是關於器皿的主人有何種傳奇經歷……

大家想不想再多了解一下這些器皿呢？那我告訴大家一個好地方——博物館！博物館裏收集著先民的很多記憶與智慧。它們通過不同文物展示給後人。

中國古代的器皿種類繁多，有陶器、瓷器、青銅器、玉器、漆器等等，每件器皿的個性都不同——陶器古樸、瓷器清潤、青銅厚重、玉器靈動……如今，這些器皿都靜靜地躺在博物館中，等待著你去走近它們、了解它們，傾聽它們為你講述它們的前世今生，了解它們在所處的歷史時代那風起雲湧的往事。

　　從距今約一萬年的新石器時代，先民們嘗試燒製陶器開始，人類根據自己的喜好和需求製造器皿的歷史惟幕就拉開了。此後，越來越多的器皿出現在古人的生活中，既有為人所熟知的青銅器，也有隱匿於史書的秘色瓷；既有豪邁奔放的元青花，也有溫潤光潔的和田玉；既有來自西域的玻璃器，也有中西合璧的景泰藍……

　　這些器皿的出現，可以說是中國文化強國地位的證明。當時的中國，自身文化積澱豐厚，同時對外來文化兼容並包，器皿文化呈現出百花齊放的姿態，傳遞著中國人對自然和社會的認知，也彰顯著中華文化的特徵和魅力。大家可以了解這些器皿的故事，從中學習中國歷史，去發掘和探究更多的文物瑰寶；傳承中華文化，帶著更多的思考去尋找歷史的記憶。聽我這麼一說，你們是不是對這些器皿更加好奇了？那還等什麼，快快翻開這本書，來看看博物館裏那些散發著無窮魅力的器皿吧！

第 **1** 章

從仰韶彩陶到乾隆粉彩瓶

二十世紀七十年代，一家叫佳士得的拍賣公司在四處尋訪拍品的過程中，偶然在英國一戶人家家裏發現了一件用來當作CD盒子的青花瓷器，結果創造了元青花在拍賣市場上迄今為止的最高價格，它就是鬼谷下山元青花大罐。

陶瓷的故事

　　很久以前，我們的先民就已經在腳下這片土地上生息繁衍。他們會把堅硬的石塊製作成工具，以更好地獵捕野獸和加工食物；他們還學會了使用火，火帶來了光明、帶來了溫暖、帶來了安全，更能把生的食物加工成熟的食物，給人類帶來更多的營養。人類進化的步伐也由此加快。

　　到了大約一萬年前的時候，先民們學會了種植糧食，學會了飼養家畜，還學會了一樣製作工具的新本領：往黏土裏加水，和成泥之後用火焙燒，製作陶器。大家想想看，這之前的工具，只是改變了石頭、木頭，甚至骨頭的形狀，但是並沒有改變石頭、木頭和骨頭本身，對嗎？可是陶器就不一樣了，它是我們人類第一次根據自己的意願和想法創造的非天然物品。陶器出現後，人們就開始在它們的表面描繪出美麗的圖案，還把它們捏製成不同的造型，各種各樣的陶器不僅讓生活更加便利，還成為繪畫和雕塑藝術的重要載體。

　　到距今三千多年的商代時，人們在製陶技術成熟的基礎上，燒造出了一種新的器物。和以前的陶器相比，它有著很多特別的優點，比如說燒造時的溫度更高了，選用的原料也更精細了，還有一點很重要，那就是表面多了一層晶瑩剔透的物質——釉。

儘管這種新的器物和瓷器已經非常接近了，但還不能被稱為真正意義上的瓷器，我們可以把它稱作原始瓷。可不要小看這種看上去有點粗糙的原始瓷，它可為後世成熟瓷器的燒造打下了堅實的基礎。那麼，中國最早的瓷器是在什麼時候燒造成功的呢？答案是東漢。早期的瓷器品種主要就是青瓷，一來青釉的瓷器燒造起來比較容易，已經積累了很豐富的經驗；二來那時的人們

圖 1.1.1
陶器

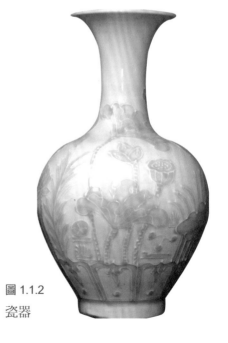

圖 1.1.2
瓷器

也很喜歡這種青色。到了魏晉南北朝時期，瓷器有了更大的發展，人們生活中使用的很多器具，都由原來的陶器或者青銅器變成了瓷器。在北朝末年的時候，白瓷也燒造成功了，這讓瓷器的品種在青瓷的系列之外，又增加了一支很重要的力量。到了唐代時，漸漸形成了在南方更多燒造青瓷，而在北方更多燒造白瓷的兩個大系統，被今天的人們很形象地稱為“南青北白”。

中國歷史在經歷了五代十國短暫的紛亂之後，進入兩宋時期。這時的瓷器也迎來了歷史上的又一個發展高峰。其中最著名的就是被後世稱作五大名窰的汝窰、官窰、哥窰、鈞窰、定窰。各窰口燒出的瓷器都有著與眾不同的特點，比如汝窰的釉色是一種下雨之後天空放晴的顏色，被人們稱為“雨過天青”色。今天保存在世界各地的汝窰瓷器，加起來已經不足一百件了。除了官窰產品之外，在民間還有很多由工匠藝人們發展出來的民窰瓷器品種，比如陝西銅川的耀州窰、河北磁縣的磁州窰、福建建陽的建窰等等。元代是中國歷史上疆域最大的時期，在瓷器燒造方面也是一個承前啟後的重要時期，原來的很多窰廠漸衰，一個叫作景德鎮的地方慢慢成了中國的瓷都，青花瓷和釉裏紅成為最能代表元代瓷器的品種。

釉

釉是附著在瓷器坯體表面的一種玻璃質的薄層，是用不同礦物原料按一定比例製作出來的，塗施在瓷器坯體表面，並經過高溫焙燒後可以產生顏色上的變化，有的呈現出透明，有的呈現出不同的顏色。

如果說兩宋時代出現了很多不同特色的名窯瓷器，且最具代表性的瓷器品種是青瓷，那麼在經歷過元代的融合和統一之後，到了明清時期，很多原來燒造瓷器的窯口漸漸被荒廢了，形成了江西景德鎮一枝獨秀的局面。從明代中後期開始，產自景德鎮的瓷器幾乎佔據了當時全國的主要市場，景德鎮成了真正意義上的瓷都。明代的瓷器雖然以漂亮的青花瓷為主，但品種更加豐富，顏色也更加絢爛。比如顏色釉瓷器中有祭

圖 1.1.3
明永樂青花海水紋香爐
故宮博物院館藏

圖 1.1.4
釉裏紅纏枝花卉紋碗
中國國家博物館館藏

圖 1.1.5
五彩雲鶴紋罐
故宮博物院館藏

圖 1.1.6
嘉靖成化鬥彩花蝶紋罐
中國國家博物館館藏

紅、祭藍（也稱霽紅、霽藍），釉下彩瓷器中有釉裏紅，釉上彩瓷器中有五彩。成化年間更是出現特別有名的鬥彩瓷器。這類瓷器的花葉輪廓用青花顏料在瓷坯上描繪，而花葉的主體部分用其他彩色顏料在已經燒造好的半成品瓷器的釉層表面填充，再用比較低的溫度燒出來，形成了一部分顏色在釉層下面，一部分顏色在釉層上面，釉下彩和釉上彩爭奇鬥艷的奇觀，因而被人們稱為鬥彩。

到了清代，景德鎮始終保持著中國瓷都的地位，展示著中國瓷器燒造的最高水平。在清代存續的兩百多年時間裏，尤其以康熙、雍正、乾隆三朝的瓷器最精緻，不僅恢復了很多帶有明代特色的品種，還從國外引入了許多以前從來沒用過的彩料，創造了很多華麗的瓷器品種，粉彩瓷器就是其中很重要的一類。

蘇麻離青

據說鄭和在下西洋時，帶回一種燒造青花瓷的特殊釉料，後來被人們稱為"蘇麻離青"。這種釉料裏含有的鐵元素特別多，在燒造時，瓷器表面就會出現顏色很深、趨近黑色的斑點，使瓷器上的青花顯得更有層次，透著藍寶石一般的色澤。

在中國這片土地上，從一萬多年前陶器誕生，到三千多年前原始瓷孕育，再到將近兩千年前時出現真正的瓷器，在先民的眾多創造當中，陶瓷深刻地改變和影響著人類的生活，直到今天依然在我們身邊隨處可見。除了實用的功能之外，陶瓷作為藝術的載體，更為我們描繪這個美麗的世界提供了廣闊的空間。很多人都知道，中國的英文 "China" 還有另外一個意思，就是瓷器，可見中國是公認的陶瓷的國度。

不凡身世

1979 年剛剛過完春節，為能買到新鮮蔬菜，河南省臨汝縣（今汝州市）紙坊公社文化站的幹事李建安一大早就趕到了集市。偶然間，他從一位六十多歲的老漢那裏聽到一個消息，最近紙北村的一片蘋果地裏發現了不少紅色陶片。這引起了李建安的注意，他瞬間興奮起來。

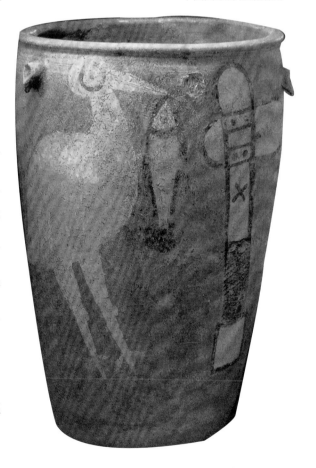

圖 1.2.1
鸛魚石斧圖彩陶缸
中國國家博物館館藏

原來，李建安雖然不是專業的考古人員，但因為工作需要，曾經被派到洛陽學習文物知識，還曾經參與過考古現場的發掘。憑藉經驗，他隱隱感覺到了這些紅色陶片的重要性。急匆匆吃過早飯，他便準備好工具，來到那片蘋果地，還沒等開挖，就從一個蘋果樹坑中揀出來些陶片。經過拼湊，原來是個並不完整的尖底陶缸，這讓李建安幹勁十足。於是，在接下來的一天半時間裏，他獨自一人在長約六米、深約一米的土坑內開始了發掘，最終整理出大小不一的十三件陶器，其中只有第十二件上描繪著圖案。它就是著名的鸛魚石斧圖彩陶缸。

鸛魚石斧圖彩陶缸就這樣被李建安拿架子車拉回家中，後來又安放在自己的辦公室裏，再後來又被送到縣城的文化館保管，但是人們始終沒有認識到它的價值。直到 1980 年元宵節前的幾天，在鄭州市文聯工作的張紹文返鄉過節，去縣文化館看望朋友時，無意間在院子裏的乒乓球桌上看到了這件陶器，並且當場給它起了鸛魚石斧圖彩陶缸的名字。

回到鄭州後，張紹文隨即寫下了一篇介紹這件珍貴文物的文章，並且給予了它特別高的評價。當年十月份，由很多專家和研究人員組成的調查組圍繞著鸛魚石斧圖彩陶缸展開了專項調查。調查報告認為，這件陶器表面的圖案是迄今為止發現的最大的一幅原始社會時期彩陶畫，是中國繪畫史上難得一見的珍品，甚至被人們稱讚為中國畫的老祖宗。直到此時，鸛魚石斧圖彩陶缸的價值才真正被人們認識和關注。

今天，在中國國家博物館“古代中國”基本陳列展中，鸛魚石斧圖彩陶缸正靜靜立在展櫃之中，向人們講述著古人的智慧和記憶。

鎮 館 之 寶

鳥和魚的戰爭——鸛魚石斧圖彩陶缸

我們首先來仔細欣賞一下這件珍貴的文物。彩陶缸有四十七厘米高，上面開口的部分略微粗些，底足的部分略微細些，最吸引我們目光的是幾乎佔滿了整個缸身的彩繪圖畫：畫面的左邊站著一隻白鸛，它有著細細的脖子、長長的嘴巴、高高的雙腿和短短的尾巴，一副昂首挺立的姿態；白鸛的嘴上還銜著一條魚，魚的身體也是白色的，沒有畫細細密密的鱗片，只是用比較粗的黑色線條描繪出它身體的輪廓；畫面的最右邊豎立著一把石斧，石斧上面還裝飾著一些神秘的符號。

圖 1.3.1
白鸛銜魚

陶缸的用途是什麼呢

很多朋友第一眼看到這件彩陶缸時，都會猜測它可能是一件裝水或裝糧食的容器。但再仔細看，就會發現在陶缸的底部中央，竟然有一個圓形的小孔，這樣看來，它應該不是一件普通的容器了。其實，這種在底部中央留有小孔的情形，在一同出土的其他陶缸的底部也都有,那這些陶缸裏面會裝什麼呢?

當年,文化幹事李建安在家中清理這些陶器的時候,在陶缸裏發現了土,更在土中發現了人的骨頭。原來,這件精美的鸛魚石斧圖彩陶缸,是新石器時代先民在喪葬中使用的一種葬具,這種埋葬方式被人們稱作甕棺葬。

其實,在河南西部的伊川附近,人們有用紅陶缸作為甕棺葬葬具的習俗,很具有地方特色,因此,這種紅陶缸形式的甕棺也被人們稱為伊川缸。

陶缸上的圖畫

讓我們再回到鸛魚石斧圖的畫面上來吧。白鸛的眼睛睜得圓圓的,頭部向上慢慢揚起,一副

圖 1.3.2
魚鳥紋彩陶壺
中國國家博物館館藏

圖 1.3.3
人面魚紋彩陶盆
中國國家博物館館藏

趾高氣揚的勝利者的姿態；而白鸛嘴裏的魚眼睛特別小，魚鰭也垂下來，身體僵硬著，一副無力掙扎的失敗者的姿態，兩者形成了鮮明的對比。

現在很多人認為這件彩陶缸應該是當時部落首領才能使用的葬具，在部落首領的葬具上描繪白鸛和魚，不會只是為了好看，畫面的背後可能還有著更加豐富的含義。

有學者研究後得出了這樣的結論：白鸛和魚分別代表著兩個不同的氏族部落。我們可以認為這兩種動物是這兩個氏族部落的圖騰，白鸛是這位首領所帶領的部落信仰的圖騰，而魚則是敵對部落信仰的圖騰。旁邊的石斧不僅是一件武器，更是軍事權力的象徵，很有可能就是這位首領生前曾經使用過的一件武器。所有這些元素組合在一起之後，我們可以想像出這樣一個傳奇的故事：一位部落的首領英勇善戰，憑藉著智慧和武力，率領著本部落的成員和敵對部落的人們進行了殊死的戰鬥，並且最終取得了決定性的勝利。在他去世之後，族人為了紀念他的功勳，就在他的甕棺上面用彩繪的方式記錄下了這場勝利。

根據彩陶缸上圖案的描繪方式，有些學者認為鸛魚石斧圖已經具備了中國畫的一些基本畫法，可以被稱作中國畫的雛形。為了表現白鸛身

仰韶文化

仰韶文化是中國新石器時代最重要的考古學文化，分佈面積很廣，主要在黃河中游的黃土高原和邊緣地區，距今大約七千年到五千年。因為被一位名叫安特生的瑞典地質學家首先在河南省澠池縣的仰韶村發現，所以被人們稱作仰韶文化。

上輕柔的羽毛，工匠把白鸛的身體塗抹成了白色，很像中國畫中一種叫作沒骨的畫法；為了表現魚的外形，則用很簡練流暢的粗線條勾勒出輪廓，很像中國畫中一種叫作勾線的畫法；而為了表現石斧和魚的飽滿，工匠在輪廓內填上了色彩，很像中國畫中一種叫作填色的畫法。

在新石器時代，中國北方黃河流域形成了仰韶文化。在其活躍的兩千多年裏，人們留下了大量的陶器，其中既有造型非常別致的魚鳥紋彩陶壺，也有充滿神秘色彩的人面魚紋彩陶盆，而工藝成就特別突出的彩陶是仰韶文化的標誌性元素。這件鸛魚石斧圖彩陶缸就是仰韶文化彩陶器的精美代表。

如冰似玉的美麗——秘色瓷盤

1981 年夏天，陝西省扶風縣法門寺的佛塔在經歷了二十天連綿的陰雨後，出現了兩次坍塌，只剩下半邊佛塔傾斜矗立著。這樣一晃就是將近六年時間，到了 1987 年春天，人們終於決定要推倒重新修建法門寺佛塔。在清除了塔身的殘軀之後，地面上一塊刻有雄獅浮雕的漢白玉石板出現在了工作人員面前。順著旁邊碎石中的小洞口朝裏面望去，原來佛塔的下面竟然藏著一個地宮。隨著發掘工作的不斷深入，人們在三十多平方米的空間裏發現了各類珍貴文物數千件，其中還有十多件精美的青瓷。這些青瓷的出現解答了困惑人們千年的一個謎題。

圖 1.3.4
秘色瓷碗
中國國家博物館館藏

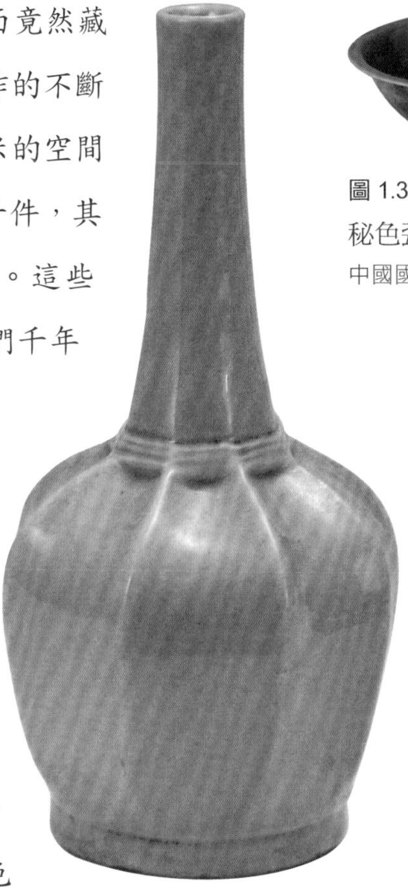

到底什麼是秘色瓷呢

古代典籍裏常會提到一種叫作秘色瓷的品種，人們用很多美好的詞語去形容和讚美它，但一直以來，到底什麼是秘色瓷？秘色瓷是什麼樣子？沒有人能給出特別準確的答案⋯⋯

圖 1.3.5
八棱秘色瓷淨水瓶
法門寺博物館館藏

有人說，秘色瓷的燒造應該開始於五代十國時期。根據宋代人的解釋，吳越國的國君錢鏐在位時，命令燒瓷器的窰廠只能給皇家燒造用來供奉的瓷器，不能再燒造民用瓷器，於是燒造青瓷的釉料配方被保密，便有了"秘色"的稱呼。在宋代人周煇寫下的《清波雜志》一書裏就有過這樣的記載："越上秘色器，錢氏有國日，供奉之除了在法門寺地宮中室發現的十三件之外,在第四道門的內側還出土了一個八棱淨水瓶,也被人們認為是秘色瓷。

物,不得臣下用,故曰秘色。"也有人說,秘色瓷最遲在晚唐的時候就已經有了。但人們主要是根據保存到今天的一些詩歌和文字來推測的,並沒有發現實物能夠有力地證明這樣的說法。直到法門寺地宮中那十多件精美瓷器出土,人們才得以見到傳說中的秘色瓷。

此次地宮中出土的十三件青瓷,都用紙小心翼翼地包裹起來,清理後瓷器表面如冰似玉的溫潤光澤,深深地吸引著見到它的人們。而與此同時,地宮裏還出土了一個衣物賬石碑,這是記錄著地宮內珍寶的賬本和清單,上面寫明:"瓷秘色碗七口,內二口銀棱;瓷秘色盤子、疊(碟)子共六枚",剛好和出土的青瓷數量一致。人們這才意識到,眼前所見竟然是古人口中和筆下讚譽

圖 1.3.6
秘色瓷盤
陝西歷史博物館館藏

不絕的秘色瓷，也終於明了秘色瓷確實是唐代越窯青瓷當中的極品。

秘不示人，皇家專用。

燒造秘色瓷的越窯在哪裏

唐代時，燒造瓷器的窯口大多會用所在地的州名來稱呼，宋代時也延續了這樣的辦法。越窯的主要窯廠位於今天浙江省的餘姚和上虞境內，古代時屬越州，所以被人們稱為越窯。這裏既有上好的瓷土，又有上好的林木，同時依傍湖水，對於燒造將"水、火、土"三門藝術完美結合的瓷器，正是絕佳的地理環境！實際上，越窯的燒造要遠遠早於唐代。瓷器自從東漢創燒，很多窯口都分佈在長江流域的南岸，尤其以浙江的比較多。

唐代人對越窯青瓷的喜愛和當時漸漸流行起來的飲茶習慣有著很密切的關係。不論皇室貴族，還是文人百姓，甚至在佛教裏，都賦予了茶葉在作為普通飲料之外更多精神的寓意。這不僅給人們的生活帶了改變，更直接帶來了瓷質茶具的發展。

茶聖陸羽就在他所寫的《茶經》中，用了很大的篇幅來分析不同窯口瓷器的特點，在對比南方越窯的青瓷和北方邢窯的白瓷時就曾經有"邢瓷類銀，越瓷類玉""若邢瓷類雪，則越瓷類冰"之類的描繪。唐代詩人陸龜蒙還這樣讚美過越窯的青瓷："九秋風露越窯開，奪得千峰翠色來。"在燈光的映襯下越窯瓷就像盛了半碗水一樣晶瑩，發出淡淡的青色，又像是隔著一層朦朧的薄霧看到的遠山的顏色，所以也有人把秘色瓷的青色稱為"千峰翠色"。

為何埋於地下

大家可能還有這樣的疑問：是誰把這些秘色瓷，連同其他的珍寶一同封存在法門寺佛塔的地宮裏呢？873年，唐王朝已衰微，年僅十二歲的唐僖宗即位為皇帝。唐代時佛教鼎盛，作為皇家寺院的法門寺珍藏著佛祖釋迦牟尼的真身指骨舍利，那時的皇帝們一直相信法門寺的佛骨"三十年一開，則歲豐人和"，於是每隔三十年就要把佛指骨舍利從法門寺迎接到長安或洛陽進行供奉，以祈求五穀豐登、天下太平。唐僖宗的父親唐懿宗在迎接了佛指骨舍利後還沒有來得及送回去就病逝了，於是唐僖宗在他剛剛當上皇帝的那年冬天，下詔把佛指骨舍利連同大批的金銀器、琉璃器等珍寶一同送入了地宮。這其中就包括那十餘件精美絕倫的秘色瓷。

它究竟價值幾許——鬼谷下山元青花大罐

　　二十世紀七十年代時，一家叫佳士得的拍賣
公司在四處尋訪拍品的過程中，偶然在英國一戶
人家家裏發現了一件青花瓷器，認為應該是明代

圖 1.3.7
鬼谷下山元青花大罐

圖 1.3.8
青花大罐上的裝飾

青花瓷，於是願意出價兩千美金來購買，但主人並不願意賣，所以最終遺憾地沒能成交。又過了三十年，當專家再次來到這戶人家尋訪時，才發現這並不是明代青花瓷，而是更早更珍貴的元代青花瓷。而讓人想不到的是，這戶人家並不了解這件珍貴瓷器的價值，居然把這件元青花大罐用來當作存放 CD 的盒子。

這件身世傳奇的鬼谷下山元青花大罐究竟價值幾許呢？2005 年 7 月 12 日，在倫敦佳士得拍賣會上，經過六位收藏家的激烈競爭，元青花大罐最終以一千五百六十八萬英鎊（在當時約合二點三億元人民幣）成交，創造了元青花在拍賣市場上迄今為止的最高價格，如果按當時的價格折合成黃金，相當於大約兩噸的黃金。

元青花的興盛

青花瓷是這樣製作的：工匠們在晾乾的瓷坯上用顏料描繪圖案，顏料裏含有一種叫作鈷的礦物質，然後塗施透明的釉料，經過一千三百攝氏度左右的高溫，一次性燒造而成釉下彩瓷。因為顏料裏面的鈷成分在高溫並且氧化的條件下會呈現出藍色的效果，所以人們習慣上把它稱為青花瓷。其實早在兩千五百多年前的春秋戰國時期，

圖 1.3.9
青花雲龍紋象耳瓶
大英博物館館藏

人們就已經開始利用氧化鈷所帶來的藍色製作陶
胎的琉璃珠子。有人認為在唐代時已經有了色彩
艷麗、釉色純淨的唐青花,甚至還遠銷到了國
外,但這些都沒有形成太大的影響。直到元末明

初的那七十多年時間裏，景德鎮的青花瓷異軍突起，迅速成為中國瓷器的主流。人們不禁要問，是什麼原因帶來這樣的變化呢？

元青花的興盛，應該和蒙古人有很大關係。生活在草原上的蒙古人特別鍾情於藍色和白色，同時，隨著元代疆域不斷擴大，很多來自中亞和西亞的工匠，也通過商貿通道等途徑來到中原。這些因素都對元青花的流行產生了影響。另外，當時許多崇尚伊斯蘭文化的國家對藍色瓷器的需求增加，也為元青花瓷器的逐漸興盛起到了一定程度的推動作用。

也有人說元青花的興盛和它本身的燒造工藝有很大關係。一是因為藍色的圖案在透明釉層的下面，顏色不容易脫落，從而更加耐用；二是鈷料的呈色相對穩定，對窯內的溫度高低、氧氣多少的變化要求並不是那樣嚴格，所以製作起來也比較方便，容易在降低成本的基礎上大批量進行生產。

草原的兒女，最喜歡藍天、白雲。

元青花的身世之謎

讓我們再來仔細欣賞這件元青花大罐：它身上的花紋可以分成四個層次，頸部裝飾著水波紋，肩部裝飾著纏枝牡丹紋，根部裝飾著變形的蓮花瓣紋，而大罐主體部分描繪的是一個非常有名的故事——鬼谷子下山，因此人們把這件元青花大罐命名為鬼谷下山元青花大罐。

為什麼這件元青花瓷器能有這樣高的價值呢？這和元青花的身世有著很大的關係。

第一，元青花被認識的時間並不長。起初，人們甚至不認為元代曾經有過青花瓷，直到二十世紀五十年代，美國學者波普依據一對帶有“至正十一年”字樣的青花雲龍紋象耳瓶，才明確了元青花的存在。這對珍貴的瓷瓶後被大維德基金會收藏，現在在大英博物館展出。

第二，元青花燒造的時間比較短。忽必烈在1271年定國號為元，1278年在江西省景德鎮設立了一個專門管理燒造瓷器的機構——浮梁磁局。但是元代的統治僅僅維持了九十多年，1368年被朱元璋建立的明王朝所取代，而比較成熟的青花瓷器大面積出現，應該是在元代的中後期，所以留存到今天的元青花瓷器就少之又少了。據統計，全世界館藏元青花加起來也就三百多件。

第三，帶有人物圖案的元青花更少。在元青花出現之前，瓷器上的裝飾效果並不強烈，沒有太多的圖案，到了元代，不同造型的纏枝花卉、展現情節的人物故事都出現在青花瓷上。鈷料在燒造過程中容易暈散開來，用在人物形象的描繪時，很有可能鼻子嘴巴就黏在一起了，所以流傳到今天的人物故事的元青花瓷器並不多見。這樣的人物大罐據說全世界也不足十件。

元代的青花瓷，展示著中國傳統瓷器的魅力，給明清兩代的瓷器帶來了很大的影響，讓青花瓷成為普通大眾生活中最常見的瓷器品種之一。同時，它還把草原民族的文化特色融入其中，在這件鬼谷下山元青花大罐的身上，大家有沒有找到一種在藍天白雲下馳騁於曠野中的感覺呢？這種更加直觀和奔放的色彩給我們帶來了非常強烈的視覺衝擊。

千金寶瓶漂泊史
——粉彩鏤空花果紋六方套瓶

乾隆皇帝是清廷入關後的第四位皇帝。他從祖父康熙皇帝和父親雍正皇帝那裏繼承了殷實的財富，也繼承了父輩們對瓷器燒造的苛刻要求。但不一樣的是，他不是很喜歡父親推崇的那種清新雅靜的味道，更喜歡一些能給人帶來驚喜和新奇，或是能讓人感受到繁榮和富貴的瓷器。在乾隆當上皇帝的第八年，他到圓明園各處巡視賞玩，儘管建築修造得非常華美，但他總覺得裏面的陳設有些美中不足，於是就命令唐英設計用於觀賞和陳設的新式瓷器。這個唐英可不是普通人，早在雍正皇帝在位時，他就已經擔任景德鎮的督窯官了，他不僅能夠充分了解皇帝的喜好，更有著非常豐富的瓷器燒造經驗。在接受任務之後，唐英進行了反覆的試驗和改進，終於在助手的幫助下，燒造成了帶有夾層的玲瓏瓶。瓶子不止一種樣子，一共有九種，其中有一種就叫作套瓶。

圖 1.3.10
粉彩鏤空花果紋六方套瓶
首都博物館館藏

　　首都博物館就珍藏著一件套瓶，裏面是一個類似圓形的青花瓷瓶，而外面則套著一個六方形的粉彩瓶子，腹部的六個平面上各雕刻著一組鏤空的花果紋。如果我們略蹲下來，就能透過這些鏤空的部分，隱隱約約看到裏面的青花圖案。要想燒出這樣一件造型特別、顏色鮮艷、紋飾精美、畫工細膩的瓷器來，可真不是一件容易的事情。讓我們一起記住它的名字：粉彩鏤空花果紋六方套瓶。

尋找色彩的變化

首先我們要知道，粉彩是釉上彩的一種。在明代時，人們就已經掌握了很成熟的技術，在已經燒好的瓷器上用顏料描繪圖案，隨後在低溫條件下第二次燒製，漂亮的釉上五彩瓷器就出爐了，但呈現出來的顏色並沒有明暗和深淺的變化，看上去感覺很生硬，於是人們稱之為“硬彩”。而看這件粉彩鏤空花果紋六方套瓶所使用的粉彩技術，特別是頸部的那幾朵小花，顏色由濃到淡、由深到淺，讓瓷器變得柔和、輕盈。正是因為這樣的差別，人們常常把粉彩叫作“軟彩”。其實，粉彩是在康熙年間以釉上五彩瓷器為基礎改進而來的，由於用到的顏料並不是國產的，而是從西洋引進過來的，同時在著色的方法上也參照了西洋畫的一些畫法，所以也常被叫作“洋彩”。

粉彩為什麼會有這樣明暗深淺的變化呢？主要有兩個原因：一是和一種叫作“玻璃白”的物質有關，玻璃白中含有的氧化砷可以起到很好的乳濁作用，用它在瓷坯上先打底，再用顏料描繪圖案，能夠讓畫面具有一種不透明的感覺；二是在繪畫的技巧上採用了渲染法，讓顏料本身呈現出不同層次的立體感。粉彩瓷器上這種柔和絢爛的色彩，不僅皇帝喜歡，也很符合普通百姓的審美，所以粉彩自從在康熙時期創燒成功以後，就成了清代瓷器大家庭中一支很重要的力量了。

大家肯定注意到了，這件套瓶的身上不僅有粉彩，同時還有青花、粉青、描金等等，各種顏色匯聚在一起，再加上密佈整個器身的各種花紋，有沒有感覺到一種繁複和富貴的效果？能不能感受到這件套瓶身上所飄散出來的“西洋風氣”？很多人認為，把瓷瓶做得這樣精美絕倫，與乾隆皇帝好大喜功的性格有很大關係。

尋找傳奇的經歷

當然，除了顏色絢爛，燒製起來並不容易之外，要想把兩件瓶子組合後燒造到一起，對於那時候的工匠們來說，也是一個不小的挑戰。

今天的陶瓷鑒定專家們經過分析認為，製作這件套瓶至少有三大困難。

一、成型困難。人們在快速旋轉的圓盤上拉坯，最容易製作的造型是圓形，而方形製作起來則較難。

二、燒造時容易變形。瓶子外層中間的鏤空圖案會使整個瓷器的應力改變，在瓷窯裏燒造的時候很容易變形。

三、需兩次燒造。瓶中套瓶的特殊造型，需要分兩次才能燒造出來，成功率是非常低的。

看到這三大困難，相信大家都會被古人的智慧所折服。但這種套瓶其實還只算是個試驗品，在乾隆後期，工匠們燒造出了更精美、更成熟的轉心瓶。也正是因為這種套瓶是轉心瓶的中間試驗環節，所以保存下來的就比較少，顯得更珍貴。

從古到今，中國人歷來喜歡成雙成對的美好寓意，其實，六方套瓶也是成對燒造的，其中一件在 1860 年英法聯軍焚掠圓明園的時候，被時任英國公使的私人秘書洛赫得到了。後來英國著名的收藏家莫里森從洛赫的手裏購買了一批圓明園舊藏的瓷器，其中就有這件六方套瓶。2000 年春天，這件珍貴的瓷器出現在了蘇富比拍賣會現場，為了使代表著中國製瓷精湛水平的珍寶不再流落海外，當時北京市文物公司的總經理秦公經過四十多輪的舉牌，最終以一千九百萬港幣拍下。可是就在競拍成功後的第八天，心力交瘁的秦公因為心臟病突發病逝在工作崗位上，沒能親眼看到這件珍寶回國。今天，這件粉彩鏤空花果紋六方套瓶被展示在首都博物館的展櫃裏，向觀眾們講述著自己不平凡的身世和經歷。

既然這件六方套瓶是成對燒造的，那另外一

件又在哪裏呢？這對珍寶在經歷過戰火和動蕩之後，都保存到今天，可惜卻分隔海峽兩岸，一件收藏在北京的首都博物館，另一件曾被台北的鴻禧美術館收藏了很長時間。

你 知 道 嗎

陶器和瓷器的區別

今天我們常常把陶瓷並稱，這讓很多人以為陶器和瓷器是一種東西，其實它們之間還是有很大區別的。有人說它們燒造的溫度不一樣，燒陶器需要的溫度低一些，而瓷器大多是在一千三百攝氏度以上的高溫下燒造出來的；有人說它們有是否施釉的區別，陶器可以施釉，也可以不施釉，但是瓷器就必須要施釉了；還有人會說二者的透水率不一樣、敲擊聲音不一樣、堅硬程度不一樣等等。其實它們最根本的區別很容易記住，那就是材料不一樣，燒陶器用陶土，燒瓷器用瓷土。瓷土中鋁、矽等元素的含量比較高，能夠承受高溫的焙燒，同時瓷土還有著更強的可塑性和結合性。

儘管陶與瓷有這麼多不同的地方，但製陶技術的發明確實為後來瓷器的燒造創造了條件，製瓷技術就是在製陶技術的基礎上發展而來的。

瓷器上紅色的燒製

中國人自古就對紅色有著特殊的感情，人們認為紅色有喜慶、吉祥、忠誠等等美好的寓意。直到今天我們還能看到很多用到紅色的地方，比如過年時貼在門上的紅色春聯、結婚時用的紅喜字等等。當然，大家在很多瓷器上也能找到紅色的影子。但是，要想在瓷器上燒製出紅色來卻是件很困難的事情。古代的工匠們發現有三種礦物能夠施展這樣的魔法，創造出瓷器上的紅色：一種是銅，一種是鐵，還有一種是金。燒出來的紅色也是千變萬化，有口沿帶有白邊的祭紅，有像牛血一樣的郎窯紅，有略微發黃的礬紅，還有像女孩臉上脂粉一樣的胭脂紅。

國 寶 檔 案

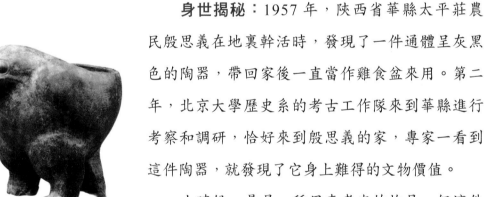

陶鷹鼎

年代：新石器時代後期仰韶文化

器物規格：高 35.8 厘米，口徑 23.3 厘米

出土時間：1958 年

出土地點：陝西省華縣太平莊

所屬博物館：中國國家博物館

圖 1.5.1
陶鷹鼎

身世揭秘：1957 年，陝西省華縣太平莊農民殷思義在地裏幹活時，發現了一件通體呈灰黑色的陶器，帶回家後一直當作雞食盆來用。第二年，北京大學歷史系的考古工作隊來到華縣進行考察和調研，恰好來到殷思義的家，專家一看到這件陶器，就發現了它身上難得的文物價值。

古時候，鼎是一種用來煮肉的炊具，但這件炊具的造型卻很特別：這是一隻老鷹的形象，兩隻眼睛圓睜著，挺起胸膛，收緊翅膀，在老鷹的背上有個圓形的開口，內部空間可以用來盛放食物。工匠們巧妙地把老鷹的尾巴和兩條腿做成了鼎的三足，形成了有力的平衡支點。

學者通過調查發現，原來陶鷹鼎出土於一座成年女性的墓葬。這個墓葬同時還出土了其他十多件文物，大部分都是生活器具。人們猜測，陶鷹鼎很可能和當時的祭祀活動有關。這件後來被收藏在中國國家博物館的陶鷹鼎，還有一個不同尋常的身份，1993 年它曾作為"申奧大使"在瑞士洛桑展出，為中國申辦 2000 年奧運會助陣。陶鷹鼎現為國家一級文物，更是首批六十四件禁止出國參展的文物之一。

青釉蓮花尊

年代：北齊

器物規格：高 67 厘米，口徑 19 厘米，
　　　　　足徑 20 厘米

出土時間：1948 年

出土地點：河北省景縣封氏墓

所屬博物館：故宮博物院

圖 1.5.2
青釉蓮花尊

身世揭秘：特別講究門第高低的南北朝時期，在今天河北省景縣活躍著一個大家族——封氏。在很多古代史書中都有這個家族成員的記載，封氏有官位的就有六七十個人。1948 年當地百姓挖開了封氏墓群中的四座墓葬，取出了很

多隨葬品，其中就有四件青釉蓮花尊。這四件瓷尊，後來被收歸國有，現在分別被保存在故宮博物院、中國國家博物館和河北省文物保護中心。

這件青緔蓮花尊有三個特別值得大家去發現的"美"。

第一是樣子美，從上到下的紋飾居然可以分出十一層來，上半部垂下的蓮花花瓣和下半部仰起來的蓮花花瓣相互扣合，造型顯得端莊大氣。

第二是顏色美，通體施青綠色的釉層，閃著溫潤的光澤，最有趣的是那些上半部垂下來的花瓣，微微向上翹起，形成的凹陷部位留下的釉料就多些，燒出來的顏色也深些，花瓣顏色也有了由淺到深、由淡到濃的變化。

第三是工藝美，蓮花尊的器身用了好多不同的裝飾方法，比如浮雕、堆塑等等，讓整個瓷器顯得非常華麗。

另外值得一提的是，瓷尊上有蓮花、菩提、飛天等與佛教聯繫緊密的圖案。佛教自從西漢時傳入中國，到南北朝時期進入了一個發展的高峰期。這件青釉蓮花尊就是當時佛教發展的重要寫照。

身世揭秘：人們常說的宋代五大名窯，其實並不是宋代人自己提出來的，而是後來明代人總結的。明人在《宣德鼎彝譜》一書中把宋代名窯中的“汝、官、哥、鈞、定”並稱，於是後世就流傳下了五大名窯的稱呼。這其中最為珍貴的就是汝窯了。

圖 1.5.3
汝窯天藍釉刻花鵝頸瓶

汝窯的瓷器以天青色為最佳。宋代，皇帝們大多信奉道教，而在道教當中，青色是很被推崇的一種顏色，因此皇帝們大都很喜歡青色的瓷器。汝窯瓷的青色，給人以溫和內斂的感受，宋代詩人陸游說：“故都時，定器不入禁中，惟用汝器，以定器有芒也。”或許正是汝窯的色澤柔和，讓它贏得了皇帝的青睞。

汝窯還有很多特點，比如器物表面上顯現出的錯落有致的線條，其實就是表面釉層的開片，人們形象地將它比喻為"蟹爪紋"。汝窯瓷器之所以如此珍貴，和它存世數量少有很大的關係。這件天藍釉刻花鵝頸瓶，就是二十世紀八十年代人們對汝窯遺址進行發掘時發現的。它通體呈現出天藍色的效果，在頸部和腹部還用剔刻的方式描繪出了漂亮的蓮花紋，給人帶來美的享受。這件文物現在是河南博物院的鎮館之寶之一。

清乾隆唐英敬製款白釉觀音

年代：清代

器物規格：高 19.5 厘米，口徑 21 厘米，
足徑 13 厘米

出土時間：傳世

所屬博物館：天津博物館

身世揭秘：信奉佛教的人們認為，觀音菩薩能救苦救難，所以在很長時期內，不論皇帝貴族，還是普通百姓，都很喜歡觀音菩薩。這件白釉觀音正安安靜靜地坐著，在佛教裏這種坐姿叫半跏趺坐。觀音菩薩頭上戴著風帽，在風帽的下面還能看到黑色的髮髻，五官清秀，身體勻稱，尤其是衣服的綫條看上去特別流暢，整個造型給人以安詳肅穆的感覺。觀音像的背後還有"唐英

敬製"四字落款。

　　唐英是誰呢？他是清代著名的陶瓷藝術家。1747 年，唐英接到一項來自皇宮的任務，要求燒造白釉觀音像和善財童子以及龍女像，並且要求第二年就得燒成。1748 年，皇宮裏又傳來了新任務，要求唐英照著此前的白釉觀音像再燒造一件。於是就有了兩件傳世的白釉觀音像，一件被安放在紫禁城內的佛堂裏，另外一件則被安放在西郊香山靜宜園裏。現在這兩件文物分別被收藏在故宮博物院和天津博物館。

圖 1.5.4
清乾隆唐英敬製款白釉觀音

第 2 章

從后母戊鼎到彩繪雁魚青銅釭燈

三千多年前，成百上千的工匠們共同協作，熱火朝天地在燒製青銅液、澆鑄大鼎，這是多麼壯闊的場面啊！工匠們的智慧和汗水，凝結成了今天展櫃中的后母戊鼎。

青 銅 的 故 事

　　新石器時代，正當一部分先民通過磨製石器、燒造陶器等改變自己的生活時，另一部分先民發現居所附近裸露在外的一種"石塊"，在經過加熱捶打後，可以製作成肉紅色的小型器物。這種"石塊"就是人類最早掌握並使用的金屬——銅。

　　紅銅比較軟，鑄造時對溫度的要求較高，成型的性能也不是很理想，於是，一種在紅銅基礎上形成的合金——青銅，走進了人們的生活。紅銅中加入錫和鉛，質地就會變得更加堅硬，也更易於鑄造成型，金色的效果更帶給人尊崇、高貴、神秘之感。在考古工作中發現的中國最早的青銅器是五千年前馬家窯文化遺址出土的銅刀，但中國歷史進入青銅時代卻是在四千多年前，以青銅作為禮器參與早期國家的初步形成和發展為標誌。

　　雖然夏代就屬青銅時代，但那時青銅並沒有被大量使用在農業生產上，只是在手工業上有所應用。青銅的重要性突出地表現在它對社會政治生活的巨大影響上。所謂"國之大事，在祀與戎"，國家軍隊使用的青銅兵器以及統治者使用的青銅禮器被大量鑄造。有些青銅器更是成為政治權力的象徵，如后母戊鼎便是這種象徵的代表。

有人把商代的青銅器和周代的青銅器做過比較，得出了這樣一種說法：商代青銅器身上紋飾的面積更大，幾乎密佈整個器身，而且大多用一些很有張力的獸面紋做裝飾，讓人有一種敬畏的感覺，可以說是獰厲之美。但是到了西周時期，青銅器上的獸面紋漸漸少了，很多器物只是在口沿和腿部有些裝飾，樣子也顯得穩重多了，讓人有一種肅然起敬的感覺，可以說是凝重之美。

很多原來出現在商代青銅器上的花紋，也在西周的青銅器上出現，但表現出更加強烈的秩序感和規律性。還有一點要特別提到的是，西周青銅器上出現了更多鑄造出的文字，因為那時人們把青銅稱作"吉金"，這些文字因而被稱為"金文"。大家可不要小看這些文字，它們中的有些曾經幫助今天的我們解答過歷史上的謎題，還有些本身就是可以用心欣賞的精美書法作品。通過大量出土和傳世的西周青銅器，今天的我們能夠更清晰、更容易地了解那個時代社會的發展，收藏在中國國家博物館的大盂鼎就是其代表。

從公元前 770 年開始，中國進入了春秋戰國時期，出現了很多實力強大的諸侯國，國君們為了稱雄，爭當霸主，經常發生戰爭。雖然戰爭不斷，但這個時候也是一個社會變革、思想活躍、民族融合的大時代。此時的青銅也不再像以前那樣，大部分用來鑄造祭祀祖先和神靈的禮器，而是走進了貴族們的生活，用來鑄造裝酒的大酒缸、照亮房間的燈具等等，有了更多實用的功能。這些被用在生活裏的青銅器，因為擺脫了原來很多制度和要求的約束，所以在技術上更加精湛。我們能在很多青銅器的身上找到更細密、更令人眼花繚亂的花紋，而且，還有些青銅器展現出了非常濃郁的地方特色。

到了秦漢時期，鐵器越來越多地出現在古人的生活裏，可以用作農具，也可以用作兵器；同時輕便的漆器也大量出現了，可以用作喝酒的酒器、吃飯的碗碟等等，所以總體上青銅器越來越不被人們重視。但是這時候也出現了一些新興的青銅器，它們大多以方便、適合的尺寸出現；同時，裝飾的方法也更多了起來，有的鑲嵌了寶石，有的還用金銀來裝飾。整體看來，這時的青銅器既沒有了商代讓人害怕的獰厲，也沒有了周代的凝重，又少了春秋戰國時期的複雜，更加趨向於樸素和寫實，更加貼近人們的日常生活。

不凡身世

河南省北部有座城市——安陽，一百多年前很多人還不知道它的名字，可在今天，安陽已經被列為中國的八大古都之一。這是為什麼呢？原來，二十世紀初，在安陽小屯村出土了大量帶有文字的甲骨，也正是這些甲骨的出現，把人們重新帶回到三千多年前的時光。公元前1600年，興起於黃河中下游的商族部落在首領湯的帶領下，推翻了夏代的統治，建立起一個新的王朝。起初的兩百多年時間裏，商王朝遷了好幾次都城，直到最後選擇了一個叫作殷的地方定都，後來人們把這段時期的商代叫作殷商。這裏的殷，其實就是今天的河南安陽。

讓我們把目光聚焦於1939年那個戰亂的年份。自從甲骨文被人們發現之後，安陽這座小城市就成了考古學者的聚集地，當然，小城不僅吸引了專家，還吸引了很多古董商人。當地一些農民為了獲利，也經常會盜墓挖寶。這年的正月，武官村的農民吳希增把自己在村外荒地探土時發現寶物的消息，告訴了同村的吳培文。他們商量後決定趕緊挖掘，以免消息走漏而讓寶貝落到別人手裏。這時，誰也不知道土底下埋著的寶貝究竟是什麼。

一天晚上，趁著夜色，吳培文和七八個本村村民開始了挖寶。五個小時後，大家看到了一截圓柱形的器物，清理器物表面泥土後發現上面刻有精美的紋飾。但此時天已微亮，為避免被駐守在不遠處的日軍發現，村民們決定暫時停止挖掘，還故意把土坑填平，儘量保持原樣。夜晚再次到來，為加快行動，又有三十多個人加入了挖寶隊伍。坑被挖得更大更深，坑口還架起了轆轤，五六個小時後，寶物的全貌出現在了眾人眼前。吳培文驚呆了，一個從來沒有見過的巨大青銅方鼎正斜倚在泥土當中。可是在沒有工具的情況下，難以將大鼎抬出，大家只得決定再次回填深坑。

再挖一挖，一定有寶物。

天亮後，吳培文沒有閒著，他忙碌地準備著麻繩、牲口等。這晚已是開挖的第三個晚上了，面對四腳朝天的大方鼎，吳培文指揮著數十人的隊伍，一條繩子繫著方鼎的耳朵，一條繩子繫著方鼎的腿部，用轆轤吃力地向地上拉動。經過整整一夜，大鼎從十幾米的深坑中被拉了出來，震驚世界的國之重器后母戊鼎重見天日。

　　后母戊鼎被運到吳培文家中後，消息以極快的速度傳播開來。後來，后母戊鼎經歷了北京古董商人的購買，也躲過了日軍的數次搜捕，於1947 年被送往南京，成為蔣介石六十壽辰的禮物。1959 年，后母戊鼎從南京博物院運往北京，被永久收藏在今天的中國國家博物館。

鎮 館 之 寶

國之重器、鼎盛華夏——后母戊鼎

在中國迄今為止已知的出土青銅器當中，后母戊鼎佔據了其中的一個之最。它有一點三三米高，一點一二米長，零點七九米寬，經過文物工作者清理後測量，準確重量是八百三十二點八四千克，是最重的一件青銅器。因為在鼎的腹部內壁上鑄造有"后母戊"字樣的銘文，所以人們稱它為后母戊鼎。

為了說明鑄造這件最重的青銅器時的難度，要給大家呈現兩個數字：第一個數字是"一千"，后母戊鼎的身體和四條腿是整體範鑄出來的，鼎身使用了八塊外範，鼎足使用了三塊外範。大家想想看，當工匠們給空腔內灌入青銅液時，一定會有些液體留在管道裏面，如果加上這部分浪費掉的青銅液，鑄造這件大鼎可能需要青銅一千千克。第二個數字是"十三"，要把銅礦石和其他礦石熔化成液體，是需要鍋的，那時候用來燒製青銅液的坩堝一般只能盛裝十二到十三千克的重量，而鑄造這件需要耗費青銅一千千克的巨大青

圖 2.3.1
后母戊鼎（側面）
中國國家博物館館藏

圖 2.3.2
範鑄法

範鑄

範鑄一般分為三步：
第一步，製模。用陶泥做出器物的形狀，且根據需要在陶泥模型的表面上刻畫出漂亮的圖案。
第二步，翻範。在模型表面刷上一層油，再敷上厚厚的泥土，乾了以後再把外層的泥土分塊切開，然後再把模型表面的花紋刮掉。
第三步，澆鑄。把外範和內範合在一起，再給形成的空腔裏澆鑄青銅液。冷卻之後，打破外範，掏出內範，一個精美的青銅器就完成了。

銅器，需要的坩堝數量可就不只是幾個了。我們可以想像一下：三千多年前，成百上千的工匠們共同協作，熱火朝天地在燒製青銅液、澆鑄大鼎。這是多麼壯闊的場面啊！

只有一隻耳朵的后母戊鼎

當吳培文在村民們的幫助下，把大鼎挖出來的時候，他驚奇地發現大鼎只有一側有耳朵，另外一側的耳朵不翼而飛了，更奇怪的是大家在四周的土裏找了很久都沒有找到。

幾天以後的一個黃昏，來自北京的古董商人看到這件大鼎後，提出用二十萬現大洋購買。這

可是好大一筆錢，但有個前提條件，那就是必須
要先將大鼎拆卸成十塊，以方便運回北京。村民
們聽到後立刻行動了起來，買了幾十根鋼鋸條，
從大鼎的腿開始鋸起來，可是在幾乎耗費掉了所
有鋼條之後，也只鋸進去了一厘米。村民們實在
不甘心，於是就用大錘砸起了僅存的那一隻耳
朵，五十多錘之後，耳朵終於掉下來了。於是，
后母戊鼎就徹底沒有耳朵了。

其實，大鼎的耳朵之所以能夠被砸掉，除了
個頭較小的原因外，和鑄造的工藝也有很大的關
係。這兩隻耳朵是在大鼎的身子已經鑄造好了之
後，又在耳朵的位置裝接上模範澆鑄而成的。這
就是商代鑄造青銅器時經常會用到的二次合鑄的
辦法。因此，和渾然一體的鼎身和鼎足比較，耳
朵也就顯得比較脆弱了。

再後來，為配合展覽，山東博物館擅長修復
青銅器的潘承琳師傅，在南京博物院修復了大鼎
的耳朵，並且在另一端複製了一隻耳朵。這才有
了我們今天看到的后母戊鼎的模樣。

神秘的雙虎食人圖案

今天，很多人在說起后母戊鼎的時候，都
會提到它是個殘鼎。這是為什麼呢？有人說很明

青銅器的名字

青銅器的命名，常用到
兩個方法：一個是用
花紋的名字加器物的
名字，比如“獸面紋
鐃”“饕餮紋尊”“犧
形尊”等等；另外一個
就是用銘文中人的名字
加上器物的名字，比如
“毛公鼎”“虢季子白盤”
等等。

我為什麼少了
一隻耳朵？

顯啊，因為它出土時只有一隻耳朵，缺了另外一邊的耳朵；有人說鑄造時出了點小問題，所以才成了殘鼎。這是怎麼回事呢？據專家研究分析，大鼎在第一次澆鑄時，由於外面的泥範體積比較大，青銅液沖刷得較厲害，很可能出現了泥範裂開的情況，造成大鼎身體部分的花紋出現錯位，薄厚也不太均勻。

儘管后母戊鼎並不完美，但我們依然要驚嘆三千多年前的先民們在當時有限的技術條件下，能夠製作出如此巨大精美的青銅器。大鼎給今天的人們留下了很多需要解答的謎題。大鼎耳朵外側的雙虎食人圖案，就是這眾多謎題當中的一個。

我們在很多商代的青銅器上，都能看到雙虎食人的造型，商代的人們為什麼會喜歡這樣的圖案呢？有人說和《山海經》中記載的一個故事有關：古代有一座度朔山，山中種著一棵參天的桃樹，桃樹東北方有一個門，是鬼進進出出的鬼門。門的旁邊有兩位守護神仙，他們常常把那些惡害之鬼綑起來，餵給老虎吃，所以人們就把這種圖案裝飾在器物上，希望能夠辟邪祛災。也有人說這樣的神話傳說不可信，因為老虎嘴巴下面的人看上去沒有恐懼的感覺，他應該是掌握著生死大權的祭司，把身體主動獻給老虎，可以起到

圖 2.3.3
雙虎食人圖案

和天上的神靈溝通的作用。這應該是一個和祭祀
有關的場景。

后母戊鼎改名之謎

2011 年 3 月 6 日，中國中央電視台《新聞
三十分》節目主持人播報了這樣一條新聞："從
國家博物館兩個文物科技保護中心起運了第一批
一百八十四件文物運往國家博物館，其中包括國
寶級文物——商代的后母戊大方鼎。"隨即在社
會公眾中引起了軒然大波，因為大家都知道教科
書上一直寫的是"司母戊鼎"。難道這些年我們
的課本都寫錯了嗎？如果沒有錯，那大鼎為什麼
要改名字呢？

起初，專家們把大鼎上的銘文解讀為"司母
戊"，"司"指的是祭祀，"母"指的是母親，"戊"
是個稱謂。根據甲骨文的記載，這件大鼎的主人
"戊"應該是商王武丁法定妻子之一。關於她的
記載微乎其微，因此人們認為大鼎是武丁的兒子
為了祭祀自己的母親"戊"而鑄造的。後來隨著
研究的深入，越來越多的學者認為應該把原來的
"司"解讀為"后"——一是因為商代青銅器的銘
文在書寫的時候相對自由，字形正反通用，所以
"司"和"后"看起來是一樣的；二是把這個字的

圖 2.3.4
后母戊鼎銘文拓本

意思解釋成王后，似乎更加符合這裏的語境。

　　還有很多人認可這是個"后"字，但不認可把這個字解釋成王后，有的人說"后"就是"王"的意思，"后母戊"應該是"王的母親戊"；也有人說"后"可能是個形容詞，是對這位母親的讚美之詞。任憑爭論聲音多麼紛繁，這件青銅大鼎依然靜靜地矗立在中國國家博物館的展廳裏，向觀眾訴說著三千多年前商王朝的輝煌。

　　最後，讓我們再一起來欣賞一下這件國之重器吧。從造型上來看，它是個挺拔的四足方鼎，遠遠望過去，給人一種雄渾大氣的感覺；從紋飾上來看，花紋非常豐富，既有前面講到的神秘的雙虎食人，也有造型不一、變化多樣的獸面紋等

圖 2.3.5
后母戊鼎（正面）

等。當人們站在某一面去看它的時候，只能看到邊緣處的半張獸面，但當人們站在對角線的位置上再看的時候，左右兩邊的半張臉正好在觀眾的視線中組合成一整張獸面，而且是張立體的臉。當人們圍繞著后母戊鼎漫步一圈，帶來震撼的不僅僅是它的厚重，更有在半張臉和整張臉虛實之間的不停轉換，帶給我們穿越三千多年的神秘感。

坎坷的經歷、不凡的身世——大盂鼎

大盂鼎在清代道光年間出土於陝西省郿縣（今眉縣），因為它碩大而又精美的器形以及銘文所具有的歷史價值，人們常常把它和收藏於台北"故宮博物院"的毛公鼎、中國國家博物館的虢季子白盤並稱為西周三大青銅重器。

我們首先來認識一下這件青銅器。它有一對

圖 2.3.6
虢季子白盤
中國國家博物館館藏

圖 2.3.7
毛公鼎
台北 "故宮博物院" 館藏

微微向外撇的耳朵，圓鼓鼓的腹部略向下垂，表面也很乾淨，沒有像后母戊鼎那樣滿身的花紋，就是在口沿的一圈，還有腿的上部裝飾著浮雕式的饕餮紋。如果我們向鼎的肚子裏面看去，會發現一大塊排列整齊的文字。要知道，在此前的商代青銅器上，銘文總數沒有超過五十個字的，但是到了西周初年，大面積的銘文就陸續出現了。大盂鼎內壁共鑄造了十九行二百九十一個字的銘文。銘文記載的是周康王二十三年九月冊封一位名叫盂的貴族的事情這一記載，為我們了解周康王時代的禮樂制度等提供了非常重要的資料。

圖 2.3.8
大盂鼎
中國國家博物館館藏

圖 2.3.9
大盂鼎銘文拓片

其實，為紀念貴族盂被冊封這件事而鑄造的青銅鼎不止這一個，大盂鼎之外還有個小盂鼎，但非常可惜的是小盂鼎佚失了，僅僅保存下了銘文拓片。

飲酒誤國的告誡

大盂鼎上的銘文共有二百九十一個字。經過專家們的解讀，銘文的含義大體上可以分成三個部分：

第一部分是說周康王把貴族盂叫到了自己身邊，向他講述了祖輩周文王、周武王消滅商朝、建立周朝是多麼不容易，讚揚了先王們的聖德，同時還說明商朝的滅亡與遠到諸侯、近到官員都縱情飲酒有很大關係，並表示自己要以先王們為榜樣，以此為鑒，也告誡貴族盂要像先輩那樣忠心輔佐王室。

第二部分是說周康王要求貴族盂恭敬謙和，盡心盡職地去掌管軍事和統治百姓，賞賜給他一些奴隸，祭祀時專用的香酒、禮服和車馬，狩獵時所用的旗幟，還有土地、官員、平民等等。

第三部分是說貴族盂頌揚了周康王對自己的賞賜，說明為了紀念自己的祖先南公而鑄造了這件大鼎。

分封制

周武王滅商建立政權之後，為了更好地統治和管理廣闊的土地，把很多土地連同土地上的人封給了周王室成員、有功的大臣等等作為諸侯國來管理。獲得分封的諸侯也需要履行一定的職責，比如定時向周王室朝貢等等。這項制度成為西周時期政治經濟統治的重要形式，即分封制。

大盂鼎的銘文作為西周初年史料的重要補充，其實有很多值得關注的地方。比如它讓我們認識到了周代時對周文王的崇拜，也讓我們認識到周康王時的分封制情況。

與百歲老人團聚

大盂鼎自從二十世紀五十年代走進中國國家博物館的前身——中國歷史博物館之後，一直珍藏在這裏，但是在 2004 年卻有一段時間離開北京，來到了上海博物館。這次外出對大盂鼎來說，不僅僅是一次展覽，更是一次團聚。

據傳，大盂鼎是在清代道光年間，在今天的陝西省周原一帶發現的，之後輾轉歸陝甘總督左宗棠所有。左宗棠特別喜歡這件珍寶，但後來為了感謝曾經在朝廷上幫助過自己的侍讀學士潘祖蔭，就把大盂鼎轉贈給了同樣喜愛金石的潘祖蔭。從此以後，這件珍貴的文物就一直由潘家收藏並且守護著。

清末到民國年間，戰亂不斷，大盂鼎經歷了美籍華人以六百兩黃金外加海外洋房作為條件購買的誘惑，也經歷了日本侵華期間掘地三尺的搜查。在危難時刻，當時的一家之主潘達於女士決定把大盂鼎和其他珍貴文物一併秘密埋藏在蘇州

圖 2.3.10
潘達於

老家，自己則遠居外地。

就這樣過了很多年，直到 1951 年，潘達於決定把大盂鼎以及同時埋藏的大克鼎捐獻給國家。次年，這兩件文物來到上海博物館展出，向世人展示著國之瑰寶的風采。

1959 年，大盂鼎應徵入藏中國歷史博物館，而與它曾經共患難的大克鼎則留在了上海博物館。2004 年，大盂鼎抵達上海展出，不僅是和大克鼎的團聚，也是和已近百歲的潘達於老人的團聚。

大盂鼎銘文，不僅給我們了解西周時期的政治制度提供了很好的窗口，同時也是一篇非常精美的書法作品。單看每個字，我們會發現有的筆畫比較粗，有的筆畫比較細，有的甚至一個字的筆畫上也肥瘦相間，波磔有力，但是整篇看下來卻非常整齊、俊秀。今後大家若有機會走進展廳欣賞這件大盂鼎，別忘了看看它的銘文哦！

圖 2.3.11
大克鼎
上海博物館館藏

古代的冰箱——曾侯乙墓銅鑒

2008 年北京夏季奧運會，是中國給全世界呈現的一屆無與倫比的體育盛會，尤其是開幕式的很多場景，至今還留在人們的記憶裏。相信很多

圖 2.3.12
銅冰鑒
中國國家博物館館藏

圖 2.3.13
銅鑒缶
湖北省博物館館藏

人對開幕式上兩千零八位演員共同擊缶倒計時的場景仍然記憶猶新，大家可不要以為他們所使用的道具缶是人們憑空想像出來的。它可是有歷史原型的，原型就是 1978 年在湖北省隨縣（今隨州市）曾侯乙墓出土的銅鑒內部的缶。

讓我們來認識一下這件明星文物吧。它由內外兩件器物組成，外面的方形器物是鑒。《說文解字》裏對鑒的解釋是大盆，可以用來盛水，也可以用來裝冰；裏面的器物就是缶，古代的一種酒器，聰明的工匠們在缶的底部安置了三個長方形的榫眼小機關，可以和外部的鑒身連接起來，起到固定的作用。

在鑒和缶的中間部分可以放什麼呢？大家

想想看：如果是在冬季，是不是可以存放熱水，用來溫酒呢？如果是在夏季，是不是可以存放冰塊，用來冰酒呢？

這件青銅器不僅是一件設計很巧妙的實用器物，它在鑄造的時候還用到了很複雜的工藝，是一件很難得的青銅藝術品。曾侯乙墓一共出土了兩個銅鑒，幾乎一模一樣，一件被收藏在中國國家博物館，一件被收藏在湖北省博物館。

古人也會用冰嗎

聽完上面的介紹，可能大家又有疑問了，冬天用來溫酒的熱水容易得到，那時候可沒有冰箱，哪裏來的冰塊呢？其實聰明的古人很早就已經開始學會夏季用冰了，描繪周代人各種生產和生活場景的《詩經·豳風·七月》中，就有這樣的詩句："二之日鑿冰衝衝，三之日納於凌陰。"這裏的"二之日"和"三之日"指的是夏曆的十二月和正月，大概的意思是說：每年十二月時在河中鑿冰，發出衝衝的響聲，到了正月時將冰塊藏在冰窖當中。原來古時的冰塊是冬天開鑿藏起來，夏天再拿出來用的。

為了管理鑿冰、運冰和藏冰的事情，周王還在官職中特別設立了凌人這一職位。他們的職責包

還是冰鎮的好喝！

括：每年冬天將三倍於實際用冰量的冰塊藏在冰窖當中；春天時要檢查盛放冰塊的鑒，將有些用於祭祀、待客的食物和酒加冰冷藏；夏天時管理周王賞賜群臣冰塊的事情；秋天時要刷洗冰窖，等待冬天新的冰塊入藏。人們夏天為什麼要用冰塊來冰酒呢？其實除了大家首先會想到的為了冰爽解暑，還有保質保鮮的作用。因為那時的酒大多是度數比較低的原漿酒，夏天氣溫往往較高，酒特別容易變質，所以用冰塊冰酒能讓美酒的保質期更長一點。

銅鑒是如何製作的

前面我們介紹了古代青銅鑄造方法中最簡單的一個方法——範鑄法，但是對於複雜的銅鑒來說，還要用到一種更複雜、更精湛的鑄造工藝——失蠟法。

失蠟法，顧名思義，就是蠟慢慢流掉的意思，也稱退蠟法。首先，工匠們也需要製作一個模型，但並不是用陶泥來製作，而是選用更加容易融化的黃蠟為原料，然後在黃蠟模型的表面，澆淋上細細的泥漿，達到一定厚度後形成泥殼，再塗上耐火的材料形成最終鑄型。當用火加熱這個鑄型的時侯，黃蠟就會融化掉，然後從一個出口流出，這樣就形成了一個空腔，再給空腔裏澆鑄青銅液，這樣就可以製作出一個完整的器物了。這樣的方法更加適合鑄造那些佈滿整個器身、細細密密的複雜花紋。這件銅鑒的蓋子就是用失蠟法鑄造出來的。

其實，在那時能夠用上冰塊的人可不多，這麼精美的冰櫃更屬奢侈品，足可見墓主人身份地位的崇高。曾侯乙，只是戰國時期眾多諸侯國中一個小國的國君，但屬於周王室很早就分封的同姓諸侯，且在位期間正值曾國興盛之時，所以在他的墓葬中出土像銅鑒、尊盤、編鐘等眾多精美絕倫的青銅器也就不足為奇了。

曾侯乙墓出土的各類文物有好幾萬件。這些文物以龐大的數量、豐富的種類、完好的保存以及極高的價值，一經發掘就轟動了海內外，在中國規定的首批六十四件禁止出國參展的珍貴文物中，曾侯乙墓出土文物就佔了三件。

兩千年前的環保燈──彩繪雁魚青銅釭燈

有人說，生活在山洞裏的原始人燃起來的那團篝火，應該是先民們使用的第一盞燈。也有人說，在甲骨文和金文裏曾經描述過一種用松枝或蘆葦做成的火把，才是真正意義上的燈的前身。

圖 2.3.15
彩繪雁魚青銅釭燈
中國國家博物館館藏

當然了，更多的人認為中國真正的燈具應該出現在戰國時期。從樣子上來看，這些燈具是受到了一種叫作豆的盛食器的啟示和影響。隨著青銅器在人們生活中的廣泛使用，製作精美的青銅燈也更加常見，到秦漢時期就更普遍了。現在珍藏在中國國家博物館的彩繪雁魚青銅釭燈，就是其中最傑出的代表。

從整體上看，這是一隻佇立的正回首銜魚的大雁。大雁的額頂上有羽冠，兩隻眼睛圓睜著，特別有神，脖子筆直細長，身體略顯肥碩，兩邊用浮雕的方式鑄造出收緊的翅膀，短短的尾巴微微向上翹起來。大雁的嘴巴裏面銜著一條魚，魚的身體又短又肥，內部是中空的，下面接著兩片弧形的青銅板組成燈罩，和下面的燈盤連接在一起。還要特別說明的是，大雁的羽冠用紅彩描繪，大雁和魚的身體則用綠彩描繪，可以想見，兩千多年前剛剛被製作完成的時候，它該是多麼漂亮。

兩千年前的環保原理

古代的燈具大多使用油脂作為燃料，雖然能夠照明，但也會產生大量的油煙，影響室內的空氣質量。為什麼說這件青銅釭燈是環保的呢？這要從它的使用方法說起了：大雁和魚身都是中空相連的，使用的時候，在大雁的肚子裏裝上水，油脂點燃以後生成的煙霧會在魚的體內被收集起來，然後通過大雁脖子傳導，最終被大雁肚子裏的水吸附，從而保證了室內空氣免受油煙的污染。這是不是很神奇呢？

此外，兩片弧形燈罩的設計也很花心思。一來可以通過調整兩片燈罩重疊的程度來調節室內的燈光亮度大小，兩片燈罩完全重合時，就達到了最大亮度；二來可以根據使用者所在的位置來調整燈光的角度，只需要轉動燈罩，不必挪動整個燈；三來還可以起到擋風的作用。彩繪雁魚青銅釭燈的主要部件，都是用子母口簡便相連的，這樣更容易拆卸、清洗和攜帶。

其實，這種能夠吸油煙的環保燈有個統一的名字——釭燈。這裏的釭在漢代以前並沒有和燈聯繫在一起，而是被應用於建築和車輛上的重要構件，漢代時才將這種中空管道的結構應用在了燈具上。在中國已知出土的漢代燈當中，除了以雁魚為題材的造型之外，還有牛、鳳鳥、宮女等造型，其中最著名的就是 1968 年在河北省滿城縣中山靖王劉勝妻子竇綰墓中出土的長信宮燈。

圖 2.3.16
長信宮燈
河北博物院館藏

大雁真的會吃魚嗎

第一次見到彩繪雁魚青銅燈的人，都會被大雁張嘴銜魚的樣子吸引。但是，大雁真的會吃魚嗎？其實，大雁、鴨子與天鵝等，都屬雁形目的鳥類，它們中的絕大多數主食都是水草、穀類或者植物種子。我們從它們扁扁的嘴巴上就能想像得到，它們並不擅長捕魚。當然，雁鴨類的鳥並不是完全的素食主義者，有時候也會捕食一些小魚小蝦、小型甲殼類或者軟體類動物，但不管怎樣，都不會像彩繪雁魚青銅缸燈中的這隻大雁，恨不得把嘴巴張成九十度，吃下這麼大一條魚。

既然在自然界中找不到這樣的情景，那大雁銜魚造型很有可能是當時的工匠們根據自己的想像創造出來的。為什麼要這樣設計呢？原來，把魚的身體橫過來，恰好能形成一個漏斗的造型，更好地起到收集油煙的作用。

兩千多年前的工匠在製作這件青銅燈的時候，不僅僅把環保、便捷等實用的功能發揮到了極致，更融入了他們來源於自然界中的想像，散發出濃重的藝術氣息。

大家觀察到大雁頭頂上紅色的羽冠了嗎？其實，大雁頭上大多都沒有羽冠，那這個紅色羽冠只是為了裝飾嗎？並不是這樣的。有一種叫作鴻雁的大雁，脖子後面到頭頂大多是深棕色，和脖子前面的棕白色或淡黃色形成鮮明的對比，所以有人認為這是一隻鴻雁，更有人認為這是由鴻雁馴化而來的家鵝。

　　彩繪雁魚青銅釭燈的造型有著很強的寫實性，抓住了大雁和魚突出的特點，上面的彩繪更賦予了它們生命力。因為在古代，大雁代表著夫妻恩愛、誠信守則，而魚代表著富足美滿，這樣的組合正表達了人們美好的心願。

　　事實上，彩繪雁魚青銅釭燈並不只有中國國家博物館收藏的這一件，有一件出土於陝西神

圖 2.3.17
雁魚銅燈
陝西歷史博物館館藏

木，現收藏在陝西歷史博物館，還有一件出土於山西襄汾，現收藏在山西博物院。

漢代的青銅燈直到魏晉南北朝的時候，依然流行在上層社會中，我們在很多詩文中都能找到"金""蘭"等說法，但非常可惜的是在唐代以後就再也沒有出現過了，這又是為什麼呢？因為魏晉之後，隨著瓷器的發展和成熟，瓷燈被更加廣泛和普遍地使用。

你 知 道 嗎

青銅的優點

很多人都會有這樣的疑惑，既然先民們最先使用的金屬是銅，那為什麼沒有直接用銅來製作兵器或者禮器，而是需要在紅銅裏面加入其他的金屬，如錫和鉛，混合成青銅呢？這就要從青銅的優點說起了。

第一，青銅的熔點比較低，這就確保了在生產力相對低下的古代，不需要特別高的溫度就能製成青銅液；第二，青銅的硬度比較大，雖然先民認識銅的時間比較早，但純銅製作成的器物軟，很容易變形，而青銅就沒有這樣的缺點了；第三，銅礦石被煉成液體之後，會非常黏稠，不容易用來澆鑄青銅器，但是當裏面加入了錫和鉛之後，就變得更加具有流動性和可塑性了。另外，成型的青銅器還表現出耐磨、耐腐蝕、色澤光亮等特點，所以才被先民們廣泛應用在生活的很多方面。

青銅器的不同顏色

當我們走進青銅器展廳時，會發現有的青銅器呈深綠色，有的是淺綠色，有的略微泛點白色，還有的甚至是黑色的。

其實，剛鑄造成型的青銅器大多都呈現出金色的效果，但是深埋在地下好幾千年，厚重的銅鏽讓它們呈現出不同的綠色效果。造成顏色差別的原因主要有兩個：首先和鑄造青銅器時銅、鉛和錫的比例有關，器物的用途不一樣，其中含有三種金屬的比例也不一樣；其次和出土的地點也有著密切的關係，不同地區水土中含有的礦物質不一樣，對青銅器表面腐蝕的效果就不一樣。

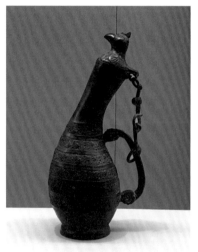

圖 2.4.1
各種青銅器
陝西歷史博物館館藏

國寶檔案

利簋

年代：西周早期

器物規格：高 28 厘米，口徑 22 厘米，
重約 8 千克

出土時間：1976 年

出土地點：陝西省西安市臨潼區零口

所屬博物館：中國國家博物館

身世揭秘：利簋是一件西周早期的著名青銅器。利，是製作這件青銅器的人的名字；簋，是祭祀的時候用來盛放穀物的禮器。

利簋之所以如此著名，和它內壁三十二字的銘文有關。這短短的三十二字，記載了周武王伐紂滅商的最後一場重要戰役。商代末年，國力衰微，紂王統治昏庸，興起於今陝西省岐山縣周原一代的周人在周武王的帶領下率軍攻打商王。來到距離商代都城僅僅七十里的牧野時，兩軍短兵相接，開始了最後的決戰，經過這次戰役，商代滅亡，新的周政權建立了。

圖 2.5.1
利簋

利作為跟隨周武王征戰的軍士，參加了這場決定性的戰役，在勝利後的第八天獲得了獎賞，因此便鑄造了這件青銅器，用來祭祀自己的祖先。

利簋是目前發現的西周青銅器當中，唯一記載武王伐紂時間的，對於周代的斷代有著非常重要的考古價值。

何尊

年代：西周早期

器物規格：高 38.8 厘米，口徑 28.8 厘米，
　　　　　重約 14.6 千克

出土時間：1963 年

出土地點：陝西省寶雞市陳倉區賈村鎮

所屬博物館：寶雞青銅器博物院

圖 2.5.2
何尊

身世揭秘：1963 年，陝西省寶雞市東北郊陳倉區賈村鎮的一戶陳姓人家在屋後斷崖上取土時挖出了一件青銅器，把它放在家裏用來存放糧食。1965 年，因為家裏窮，陳家就把這件青銅器連同其他破銅爛鐵，以三十元錢的價格賣給了廢品回收站。幸運的是，身在廢品回收站的這件青銅器被寶雞市博物館的一位職工偶然發現了，隨後被收藏在寶雞青銅器博物院，直至現在。它就

是著名的何尊。

何尊的珍貴之處有兩個，一個是精美的鑄造工藝，還有一個就是裏面一百二十二字的銘文，有著很高的史料價值。銘文記載了周成王繼承周武王的遺訓，營建新都洛邑，並且對後輩進行了訓誡的事情。周成王還賞賜了貴族何，為了紀念這件事情，何鑄造了這件青銅器。

銘文中最為引人注目的是"宅茲中國"，"中國"兩個字第一次成組出現在了中國歷史的記載裏。儘管這裏的"中國"意思是天下的中央，和今天的"中國"有著很大的差別，但是作為中國人，何尊應該成為我們記住的一件重要青銅器。

圖 2.5.3
何尊銘文拓本
（圈中為"宅茲中國"）

身世揭秘：1963 年，在陝西省興平縣的豆馬村出土了一件神秘的青銅器，人們發現它的時候，它正孤零零地躺在一個土坑裏面，簡單的清理過後，大家這才看清楚了它的樣子，原來是一隻小犀牛。後來人們給它起名字為錯金銀雲紋青銅犀尊。

尊是古代一種很重要的酒器，有的是規矩的方形或者圓形，而有的會被鑄成不同的動物形象，這件青銅尊就是以犀牛為題材鑄造的。它長

圖 2.5.4

錯金銀雲紋青銅犀尊

著又短又粗的四肢，身體肥碩得快要走不動了，就連身後的尾巴都已經被夾在了屁股中間。犀牛的頭部向上微微昂起，一副趾高氣揚的樣子，背部有一個可以揭開的器蓋，打開後可以向犀牛的體內注酒。嘴巴右側凸出來一個圓管，當人們輕輕抬起犀牛的屁股，裝在它肚子裏的酒就可以倒出來了。

古代的中國有犀牛嗎？其實，世界上有五種犀牛：非洲的黑犀和白犀都長著兩隻角，而在亞洲生活著印度犀、爪哇犀和蘇門答臘犀三種犀牛，印度犀和爪哇犀都長著一隻角，只有蘇門答臘犀體形最小，頭上長有兩隻角。亞洲的三種犀牛都曾經生活在中國大部分地區，在新石器時代遺址中就曾多次發現犀牛骨，後來隨著人類干預和環境原因，犀牛漸漸南遷，直至二十世紀初在中國絕跡，再也見不到野生的犀牛了。

圖 2.5.5
犀牛

如果生活在兩千多年前的西漢工匠們沒有見到過蘇門答臘犀，怎麼會做得這樣逼真？因此，有人猜測工匠們曾經在西漢都城長安附近的皇家林苑中見到過南方進貢的犀牛。

銅奔馬

年代：東漢

器物規格：高 34.5 厘米，身長 45 厘米，
　　　　　寬 13 厘米

出土時間：1969 年

出土地點：甘肅省武威市雷台漢墓

所屬博物館：甘肅省博物館

身世揭秘：1983 年，中國國家旅遊局徵選代表中國旅遊的標誌，最終甘肅武威雷台漢墓出土的東漢銅奔馬獲選。這匹從東漢奔來的駿馬，頭部微微昂起，馬嘴張開，像是在嘶鳴；體態健碩，比例勻稱，四足騰空，尾巴還向上揚起來。最精妙的是其中一足踏在一隻飛翔的燕子身上，顯得自然、平衡，整個造型既有力量的渲染，也有節奏的動感，帶給人豐富的想像。

甘肅省武威市是漢代中原與西亞各國溝通的要道，是絲綢之路上的重鎮。出土銅奔馬的雷台漢墓是東漢時期鎮守張掖的軍事長官和他的妻子的合葬墓。長期以來，人們為了給這件青銅器起個最合適的名字大費苦心，有人認為馬下所踏的是燕子，應該叫它馬踏飛燕；有人認為馬下所踏的是秦漢神話傳說中的神靈龍雀，應該叫它馬踏

龍雀;也有人認為這匹馬並不是漢代人們常說的汗血寶馬,而是天馬。不管怎樣,這件銅奔馬向我們展示了漢代青銅鑄造的高超工藝。

圖 2.5.6
銅奔馬

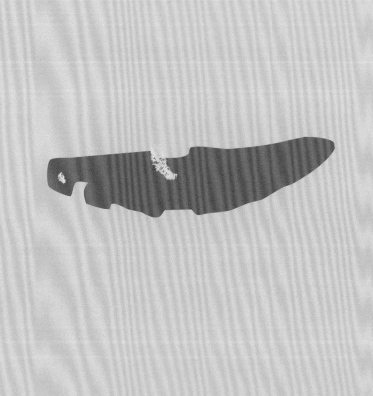

第 3 章

從紅山玉龍到大禹治水圖玉山

紅山玉龍的脖子上有著長長的鬃毛，向上揚起，很多看到這條玉龍的人，都會被這長鬃所吸引，因為鬃毛的長度居然達到了二十一厘米，佔到了龍身體的三分之一，你有沒有覺得這個髮型很酷呢？

玉 器 的 故 事

　　距今大約一萬年前的新石器時代早期，先民們便和一種美麗的石頭結下了不解的情緣。人們把它製作成精美的裝飾品來裝點生活，把它做成禮器來祭拜祖先和神靈，這種神奇的石頭就是玉。東漢許慎在《說文解字》中，對玉做了這樣的解釋："石之美，有五德"，讚美了玉身上五種特別的品質：溫潤的光澤、舒揚的聲音、堅韌的質地、均勻的紋理和平滑的輪廓。

　　當然了，在玉的身上，我們不僅能看到其作為裝飾品的美麗，更衍生和發展出了很多文化含義，而每個時代也都有著屬於這個時代的玉器造型和藝術特色。早在新石器時代，無論是北方的紅山文化，還是南方的良渚文化，都有大量的玉器出現。不過，這時候的玉器基本上處於萌芽的階段，表面光滑素淨，沒有過多複雜的花紋裝飾，且大多被用在與戰爭和祭祀有關的場合，因此帶著濃濃的神秘色彩。

　　經歷夏代的過渡之後，商代的玉器更加豐富和成熟了，比如人們在河南安陽殷墟的婦好墓中就發現了七百多件精美玉器。到了西周時期，人們喜歡玉器不僅僅是因為它美麗，更賦予了它很多更重要的意義，把它用在國家祭祀、禮制規範等很多重要方面。到春秋戰國的時候，人們經常用玉的特質來比喻君子的品德，出現了很多用於隨身佩戴的玉石，樣子也做得特別精巧，琢玉工匠們的技術也更加先進了比如春秋時期的玉器中有很多不同形象的龍紋，花紋也顯得繁密很多，而戰國時期的玉器更多地用到了鏤空技法，看起來更加靈動。

漢代建立之初，玉器的製作在很大程度上沿襲著戰國時成熟的工藝，以至於今天的很多專家也很難把它們和戰國晚期的玉器區分開來。但是這個時期的統一和穩定，也讓漢代的玉器呈現出很多特色。隨著越來越多的玉器被用來陪葬，出現了很多造型很特殊的玉器；雕刻的手法也更加老練，造型看上去非常簡單，卻要求工匠有很高超的技藝；用來裝飾玉器的花紋也更加豐富了，除了以前常會見到的幾何圖形、人物動物之外，一些人們想像出來的靈異神獸也出現在了玉器的身上。此外，隨著漢代絲綢之路的通暢，很多來自遙遠新疆的和田玉源源不斷地流入中原，因此出現了眾多精美的和田玉器。

到了魏晉南北朝時，佛教進入傳入中國後第

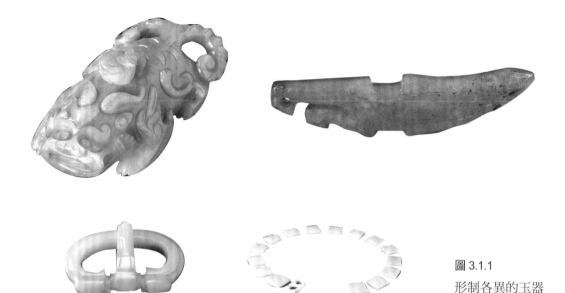

圖 3.1.1
形制各異的玉器

一個發展的高峰期,越來越多的貴族和百姓開始
信奉佛教,也因此出現了很多以佛造像為主的玉
器。到了唐代,人們常常把玉和金用在一起,製
作出來的玉器及玉質器皿顯得更加華貴、精緻。
宋元時期的玉器更加貼近生活,尤其是很多普通
百姓也更加喜歡玉器了。

明代玉器更加精彩紛呈,既有參照古代玉器
製作出來的仿古玉,還有富貴氣派的宮廷玉飾。
到了清代,玉器的製作走向了新的高峰,點綴著
人們生活的方方面面。因為清代的皇帝喜歡玉,
玉器的加工製作工藝越來越先進。蘇州和揚州就
是清代兩個非常重要的玉器製作基地,很多皇家
的玉器都是在這裏製作的。

不凡身世

"古老的東方有一條龍,她的名字就叫中國……"這首歌的名字叫作《龍的傳人》。生活在世界各地的中國人,常常會用龍的傳人來稱呼自己。中國的龍,並不像西方神話中的惡龍那樣長著一對能飛的大翅膀,嘴巴裏面還會噴火,經常以邪惡的形象出現在大家面前,而是有著自己獨特的樣子,成為中國人從古到今都非常喜歡的民族象徵。

在眾多龍的形象中,展示在中國國家博物館"古代中國"基本陳列第一部分"遠古時代"的玉龍,是其中的代表。經過幾千年的塵封,這件玉龍是怎樣走進今天人們的視野中的呢?故事得從1971年說起。

在內蒙古自治區翁牛特旗有個小村子,名叫三星塔拉村,翻譯成漢語的意思是"有祭祀物的草甸子",村子裏只有兩百多戶人家。

1971年盛夏的一天下午,年輕的農民張鳳祥來到村子後面的果林裏挖魚鱗坑,在一棵樹的旁邊發現了一個石洞。石洞看著不是自然形成的,好像是人工砌成的一般。膽大的張鳳祥想了想,就把手伸進了石洞的底部，黑暗中他摸出來一件像鈎子一樣堅硬的東西。但由於表面包了太多泥垢，張鳳祥以為這東西只是一塊廢鐵，回家後順手扔在了一邊。傍晚時分，他六七歲的弟弟看到這個像鐵鈎一樣的東西，覺得特別新奇，便找來一根繩子把它綁緊了，拖出去與夥伴們一起玩耍了起來。幾天後，由於在地上摩擦，"鐵鈎"表面的泥垢慢慢褪去，顯出了綠色，在太陽光的照射下竟然反射出玉質的光澤。

後來，在大隊書記的建議下，張家人決定把這件東西交給翁牛特旗文化館。可是他們第一次去文化館並沒有見到文物工作者，被值班人員一句"沒什麼用"便打發回家了。過了一段時間，張家人又把它帶到了文化館，文化館一位工作人員接收了這件文物，並很爽快地給了張鳳祥三十元錢作為獎勵，但只將它當作一件很普通的文物

圖 3.2.1
玉龍
中國國家博物館館藏

圖 3.2.2
玉豬龍
大英博物館館藏

收存起來。這一放就是十多年,直到二十世紀八十年代初,著名的牛河樑遺址被發現。

在牛河樑遺址中出土了眾多紅山文化的精美玉器,同樣也出現了彎曲的玉龍形象。這些龍後來被證實是豬的形象,比如現藏於大英博物館的那件玉豬龍。人們這才認識到,原來那個不起眼的玉鉤竟然和牛河樑遺址出土的玉豬龍是同源同屬的關係,從此這條玉龍才有了自己真正的身份和價值。1984 年,翁牛特旗文化館的賈玉賢和老伴將玉龍護送到北京,參加了故宮博物院舉辦的"國慶三十周年精品文物展"。隨後玉龍又被內蒙古自治區博物館帶往日本參加"中國北方騎馬民族文物精品展"。回國後,玉龍被永久珍藏在了中國國家博物館的前身——中國歷史博物館。

經歷了十多年被遺忘在角落的時光,當這件當年看上去沒什麼用的鉤子——紅山玉龍,再次出現在世人眼前的時候,它有了另外一個更為響亮的名字——中華第一玉龍。

鎮 館 之 寶

中華第一玉龍──紅山玉龍

在中國，很多地方都有玉石的礦藏，但因為地質構造不同，每個地方出產的玉石也都不太一樣，有的比較細膩，有的略微粗糙；有的是青翠的綠色，有的則是淡淡的粉色。在遼寧省鞍山市岫岩縣出產的一種泛綠色的玉石，從石器時代開始就已經被先民認識和使用了，是中國歷史上的四大名玉之一，人們稱之為岫岩玉。這件珍藏在中國國家博物館的紅山玉龍就是以岫岩玉雕琢而成的。

玉龍的整體形象像個大鉤子，從平面上看很像是字母"C"，所以也有人很形象地叫它"C形玉龍"。玉龍通體呈墨綠色，身體蜷曲著，長長的嘴巴略微向上翹起來，兩隻眼睛凸出來，像是個小小的菱形，鼻孔是對稱的兩個圓孔，龍的脖子上有著長長的鬃毛，鬃毛向上揚起，尾巴的尖部向上收回。很多看到這條玉龍的人，都會被龍脊上的長鬃吸引，因為鬃毛的長度居然達到了二十一厘米，佔到了龍身體的三分之一，你有沒有覺得這個髮型很酷呢？

　　玉龍是用一整塊玉料雕琢而成的，背上中央有一個小孔，如果在中間穿一根繩子，將這條玉龍吊起來的話，大家猜猜看，這條龍是歪著，還是平著呢？有專家做過實驗，玉龍的頭尾兩端能夠恰好保持平衡，不可思議吧！這個鑽孔的位置一定是經過很精密的計算和設計的。

　　這件玉龍有著突出的造型和細緻的雕工，就連鑽孔都有著巧妙的設計，讓我們不僅看到了紅山文化時期的先民們精湛的琢玉工藝，更感受到了玉龍身上凝聚的神秘氣息，給我們帶來了更多的想像和思考……

紅山玉龍有什麼用呢

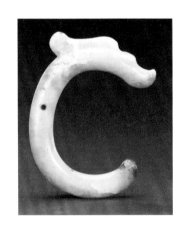

圖 3.3.1
黃玉龍
內蒙古翁牛特旗博物館館藏

　　這種 C 形的玉龍可不止一件，除了這件碧玉龍之外，在離它不遠的地方還曾經出土過另外一件黃玉龍。黃玉龍體態造型都和碧玉龍差不多，就是尺寸不太一樣，高十六點七厘米。對了，它身上有個小細節和碧玉龍是一樣的，那就是龍背上都鑽了個小圓孔。黃玉龍是在 1949 年春天，被一位名叫馬忠信的農民發現的，幾經周折，經過當時的中國考古學會副會長、著名的考古學家蘇秉琦先生鑒定，最終確定了它作為紅山文化代表性文物的價值。那麼，這兩條貌似是親戚的玉龍到底有著怎樣的聯繫呢？從出土地點來看，兩地的直綫距離不足三十千米，同屬紅山文化的集中區域；從出土的造型來看，兩條玉龍雖然大小和細節略有不同，但整體造型統一，都是 C 形飄逸的龍形。有些人認為，這很有可能是生活在這個地區的先民們所共同喜歡的一種想像出來的形象，擁有著神秘的力量。

這精巧的玉龍到底是做什麼用的呢？在牛河樑遺址中發現的很多玉龍都是在墓葬裏出土的。這些玉龍嘴巴大大的，人們形象地稱它們為玉豬龍，用途也可以確定是用來陪葬的。但碧玉龍和黃玉龍都是在山腰上的人工坑洞中發現的，而且在四周也沒有發現其他的文物。大部分專家認為，它們很可能和紅山文化時期的原始崇拜有著很大的關係，甚至有人認為它們可能就是當時生活在這個地區先民的部族徽記。

紅山文化遺址

紅山文化遺址，是中國北方地區很重要的一個新石器時代文化遺址，距今大約五千年到六千年。在紅山文化遺址中，人們不僅發現了很多不同類型的石製工具，發現了用陶泥製作的女神雕塑，還有數量眾多的玉石雕刻，尤其以動物形狀的居多，玉龍就是其中最典型的代表。

我到底像誰？

中國的龍到底是什麼樣子的

在中國古代的傳說中，龍被稱為鱗蟲之長，是最重要的一種祥瑞神獸。人們把很多神秘變化的力量都安在了龍的身上，它有著呼風喚雨的能力，能滋養大地萬物；它有著飛天入海的能力，能夠溝通人間上天；它還有著震懾寰宇的能力，成為帝王的象徵；它是中國古代四大瑞獸之一，也是我們最熟悉的十二生肖之一……中國人對龍有著難以言說的深厚感情。

那麼，龍到底長什麼樣子呢？其實，在先民最原始的信仰中，對龍的崇拜經歷了一個從具體到抽象、從單一到複雜的變化過程。隨著龍的形象越來越豐富，它所表現出來的力量也越來越強大，以至於我們很難再找到它最早的樣子了。於是，人們就龍最初是什麼形象，有了很多有趣的解釋。

有人說龍有著盤曲的身體，它的原型應該是蛇，因為古代經常能看到蛇，神話中的女媧和伏羲都是人首蛇身的；有人說龍的原型應該是鱷魚，因為龍的面部長得很像鱷魚，而且在遠古時代有些地方的先民就有養鱷魚、吃鱷魚的習慣；還有些人說龍的原型應該是魚，龍和魚都和水有著密切的聯繫，聽說過鯉魚躍龍門的故事嗎？古人認為魚是可以幻化成龍的。其實，講了這麼多不同的說法，是想向大家解釋：龍的起源應該是多源的，是由很多來自不同地區的動物形象，經過很長時間的融合，最後組合而成的。

紅山文化玉龍的出現，讓我們對當時龍的形象有了更深入的認識。秦漢之後，龍的形象漸漸統一，儘管之後仍然會有一些變化，但整體特徵算延續下來了。

精緻的戰國玉璧——玉螭鳳雲紋璧

如果有機會去參觀台北"故宮博物院"，你一定要看一件玉螭鳳雲紋璧，別看它個子不是特別大，卻被專家公認是目前所見到的戰國玉璧中最精緻的一件。這件玉璧的材料來自遙遠的西部，是直到今天都受到人們追捧的新疆和田玉。下面就讓我們一起來看看它的樣子吧。

玉璧主體是圓形部分，上面雕琢著很規則的花紋，長得像一顆顆小豆芽，一共有六圈，人們把這種花紋叫作勾雲紋。玉璧上還有兩個小細節值得我們細細去看，一個是玉璧的花紋不只一面，而是兩面都有；還有一個是像小豆芽一樣的勾雲紋是微微凸起來的，看上去還有些立體的感

圖 3.3.2
玉螭鳳雲紋璧
台北"故宮博物院"館藏

覺。玉璧的中間部分不是空蕩蕩的,而是用鏤空的方法雕刻了一條螭龍,它長著盤曲的身子,頭上還有隻角,綫條非常飄逸靈動。在這個玉璧上,我們不僅能找到龍的形象,還能找到鳳的形象,大家看到玉璧兩側的外廓部位了嗎?估計很多人都很難發現這是兩隻鳳的形象。鳳的頭頂上有長長的翎羽,身體順著玉璧外圈彎曲的曲綫盤沿下來,看上去就像動起來一樣。

生活在戰國時期的王公貴族們特別喜歡玉,他們不僅在活著的時候把佩戴玉器當作一種規範和時尚,就連死去了也要在墓中陪葬很多玉器。從這件玉螭鳳雲紋璧的樣子,很多人推斷它應該是佩掛在人身上的,但並不是獨立使用的,而應該是一套大型玉組配中的主要部分,由此可見,佩戴者的身份不一般。

玉璧的用途

玉璧是一種中央有穿孔的扁平狀圓形玉器,東漢許慎《說文解字》裏是這樣解釋玉璧的:"璧,瑞玉,圜也。"是所有中間帶穿孔的圓形玉器都叫玉璧嗎?其實,根據玉器主體部分和中間圓孔的不同比例,人們還會做更加細緻的區分,主體部分的尺寸大於圓孔的就是玉璧,另外還有玉瑗和玉環。

　　玉璧是中國古代非常重要的一種傳統玉器，自出現以來，就始終活躍在歷史舞台上。新石器時代，由於條件的限制，玉璧製作得並不是很規整，且大多是沒有花紋的素面。到了商周時期，工藝越來越成熟，裝飾也越來越豐富了，更重要的是人們把玉璧當作禮儀用器。春秋戰國到秦漢，是玉璧發展的鼎盛時期。這時期墓葬的出土文物裏常常能找到漂亮的玉璧，有著鮮明的時代特徵。很可惜的是到了唐宋之後，用玉璧的場合不多了，玉璧的數量減少了很多，而且大多是仿造前代。

　　在古代中國，玉璧既存續了這麼長的時間，那它的用途到底是什麼呢？它可以用來當作祭祀

圖 3.3.3
勾連雲紋瑗
中國國家博物館館藏

圖 3.3.4
雙螭璧形繫環
中國國家博物館館藏

用的禮器，比如我們今天常聽到的"蒼璧禮天，黃琮禮地"；它也可以作為身份的標誌和象徵，比如在《周禮》當中就記載了"男執蒲璧"的要求；它可以當作日常生活所用的佩飾，古人常常"以玉比德"，所以精美的玉器可以作為君子的象徵；它還可以給死去的貴族使用，戰國到秦漢的很多貴族墓葬中，都發現了用來陪葬的玉璧。

天下至寶和氏璧

玉螭鳳雲紋璧是戰國玉璧中最精美的一件，但它還不是中國歷史上最著名的玉璧，最著名的應該是被塵封在史海中的天下至寶——和氏璧。

據說在春秋時期的楚國，有一位特別善於琢玉的能手名叫卞和。他在荊山中得到了一塊璞玉（指裏面包裹著玉石的原料），認為璞玉裏面一定是精美的玉石，就捧著這塊璞玉去見楚厲王。於是，楚厲王找來了其他的玉石工匠去查看，但是工匠們都說這只不過是一塊石頭。厲王大怒，以欺君之罪砍下了卞和的左腳。厲王死了之後，楚武王即位，卞和再次捧著璞玉去見武王。武王又找來人查看，得到的答案還是石頭，卞和因此又失去了另外一隻腳。

武王死後，楚文王即位，卞和抱著這塊璞玉

痛哭了三天三夜，淚水流乾以後眼睛開始流出鮮血。文王知道後就派人詢問：＂天下受過刑罰的人很多，為什麼偏偏你哭得這麼傷心呢？＂卞和回答：＂我並不是哭我被砍去了雙腳，而是哭寶玉被當作了石頭，忠貞的人被當成騙子。＂於是文王命人剖開璞玉，果然見到稀世寶玉，然後將寶玉製成玉璧，並起名為和氏璧。在經歷了春秋戰國時期的戰亂後，和氏璧最終歸屬秦國。傳說，和氏璧被秦始皇做成了玉璽。這方玉璽一直流傳在歷代皇帝手中，但是非常可惜的是，五代時期由於戰亂最終遺失了。

奢華的文物——金縷玉衣

1995 年，考古工作者們在江蘇省徐州市獅子山楚王漢墓中發現了各類漢代珍貴文物兩千多件。這個重大發現被評為當年的中國十大考古發現之一，其中一套非常精美的金縷玉衣更是引起了人們的關注。

這座西漢初年的貴族大墓曾經被盜墓者洗劫過，就連金縷玉衣也被盜墓者從墓室裏拖到了盜洞中，幾乎所有的金絲都被抽掉了，只剩下了散落一地大大小小的玉片。自 2001 年開始，文物工作者們經過一年零九個月的艱苦努力，才最終完成了這套金縷玉衣的修復。修復後的金縷玉衣長一百七十四厘米，肩膀寬四十八厘米，可以分成頭罩、前胸、後背等十幾個部分。

這套金縷玉衣到底有哪些珍貴的地方呢？我們可以用四個"最"來形容。第一個"最"是年代最早，墓葬的主人是西漢所封楚國的第三代諸侯王劉戊，因此在已經出土的金縷玉衣當中它的製作年代是最早的；第二個"最"是玉片最多，全身一共使用了四千二百二十八片玉片，不同位置的玉片大小不一，手罩上最小的玉片甚至只有一厘米見方；第三個"最"是玉質最好，使用的全部是來自新疆的和田白玉和青玉，要知道，和此前發現的金縷玉衣大部分都使用岫岩玉，經過很長時間深埋後顏色變得黯淡無光不同，這套金縷玉衣在出土後依然保持著晶瑩的光澤；第四個"最"是製作最精，根據玉片大小不同，連綴這些玉片使用的金絲粗細也不同，最細的直徑只有零

圖 3.3.5
金縷玉衣
徐州博物館館藏

点四四毫米，穿過玉片後的金絲還會在玉片的正面盤繞成一個精緻的結。

在 2008 年北京奧運會期間，獅子山楚王漢墓出土的這套金縷玉衣還參加了在首都博物館舉辦的"中國記憶——五千年文明瑰寶展"，向世界各國的朋友們展示著中國燦爛的古代文化。

什麼是金縷玉衣

在二十世紀四五十年代，考古工作者們曾經先後在河北邯鄲、江蘇徐州等地的墓葬裏發現大量的玉片。學者們根據古代典籍的記載，認為這些玉片就是史書上提到過的玉匣或者玉柙。它是用金銀等金屬製作的絲綫，把大小不一的玉片連綴成衣服，給死者穿在身上，就像套滿整個身體的盔甲，起到保護死者身體的作用。

可是，漢代完整的金縷玉衣什麼樣子呢？1968 年河北滿城中山靖王劉勝和妻子竇綰的墓葬中，出土了兩套精美的金縷玉衣，揭開了它隱藏在歷史迷霧後的神秘面紗。其實，玉衣是一種很高等級的喪葬用具。早在四千到五千年前新石器時代的良渚文化時期，人們就開始使用玉組佩來殮葬，有的墊在死者身下，有的覆蓋在死者身上。到了西周時期，形成了綴玉覆面的習慣，就

圖 3.3.6
劉勝金縷玉衣
河北博物院館藏

圖 3.3.7
竇綰金縷玉衣
河北博物院館藏

是用玉片根據死者的臉型，編綴成玉面罩覆蓋在死者臉上。那麼，完整的金縷玉衣又是什麼時候開始出現的呢？專家們的意見不太統一，大部分學者認為，應該是在西漢初年，到了漢武帝的時候開始漸漸流行起來。

為什麼要用金縷玉衣來入葬

西漢初期的幾位皇帝都比較有作為，且採取休養生息的國策，經過數十年的積累，國家的實力有了較大的提升。於是，諸侯貴族中就逐漸興起了厚葬的風氣。對於漢代使用金縷玉衣入葬的原因，大體有二：一方面是為了死者生前富貴奢靡的生活，在死後依然能體現和延續；另一方面是為了能更好地保護死者的屍體。古代時，人們相信玉能寒屍，即玉能夠保護屍體不腐爛，所以不僅用玉衣來裝殮屍體，還會用九個大小不一樣的玉塞，封住身上的九竅，有的還會在手上握著

圖 3.3.8
豬形玉握

兩個玉器，即為玉握。

　可是，玉衣真的能很好地保護死者的屍體嗎？實際上，玉衣並不能起到任何防腐的作用。人們在發現中山靖王劉勝和妻子竇綰的金縷玉衣時，屍體只餘殘存的骨渣及為數不多的牙齒。貴族們花費這麼多精力製作金縷玉衣，不僅不能給死去的自己留下一個完整的身體，還可能會起到反作用。奢華的葬具、珍貴的隨葬品，常使這些漢代的大墓成為歷代盜墓者的目標，最終導致墓主人屍骨無存。三國時，魏文帝曹丕看到製作金縷玉衣耗費驚人，同時也看到由此引起的盜墓毀屍的現象，於是下令禁止了這種喪葬制度。

有了它，寡人就能不朽了。

中國古代玉雕之最——大禹治水圖玉山

在中國歷史上那麼多位皇帝當中，誰是執掌國家權力時間最長的呢？答案是做了六十年皇帝加三年多太上皇的乾隆皇帝。為退位之後能安享晚年，乾隆皇帝在紫禁城東側擴建改造了一組奢華的太上皇宮，名為寧壽宮。寧壽宮中路上有一個很重要的建築叫作樂壽堂，今天已被闢為故宮博物院珍寶館的展廳。在這個展廳中，陳設著一件特別引人注目的故宮至寶——大禹治水圖玉山。

這件玉雕作品之所以吸引大家的目光，首先在於它的"大"。那它到底有多大呢？大家可以先想想自己的身高、體重有多少。大禹治水圖玉山的淨高達到了二百二十四厘米，重量大約有五千千克。除了體量巨大之外，這件玉雕作品的雕刻也極其精美。

大禹治水圖玉山以新疆和田玉為原料，整體看上去是一座高聳峭立的大山，在崇山峻嶺之間，我們能找到飛流直下的瀑布、蒼勁挺拔的古樹、幽靜深邃的山洞，甚至還能找到升騰而上的雲霧。我們的目光在玉山上換個角度、換個地方，就能看到不一樣的美景。當然了，景色再美

圖 3.3.9
大禹治水圖玉山
故宮博物院館藏

圖 3.3.10
開山治水

也需要有人的映襯。玉山中，我們可以看到，在大禹的帶領下，三五成群的老百姓正在用不同的工具開山治水。除了百姓之外，還有奔跑跳躍的猿猴，幫助人們的神仙。這些人物和動物形象的出現，讓大禹治水圖玉山更加靈動起來。

歷經十年的奇跡

知道了大禹治水圖玉山的大小和重量後，你可能會有這樣一個疑問，製作出來就這麼重了，如果是原材料的話那豈不是更大更重？這麼大、這麼重的原石是怎樣從新疆運到北京的呢？根據前人的記載，玉山原料在運輸的途中，逢山開路、遇水架橋，使用的特殊車輛，車軸足足有三丈五尺長，每天行進不過幾里。大家可以想想看，從新疆到北京將近一萬里，路途上得遇到多少艱難險阻，光運輸過程共就耗費了三年時間。

玉山原料終於運到北京後，乾隆皇帝特別高興，選擇了宋代人畫的一幅《大禹治水圖》作為原稿，要求畫匠們根據這個圖樣在玉山上臨畫，設計好該怎樣雕琢。設計方案獲得乾隆皇帝的批准後，玉料被運往揚州雕刻。由於工程量太大，雕刻工作居然持續了將近六年的時間。完工後的大禹治水圖玉山被運抵北京，安放在了樂壽堂。第二年正月，乾隆皇帝命令造辦處安排工匠，將自己的題詩刻在了玉山的背面。至此，大禹治水圖玉山才真正全部完工。

從玉山原料在新疆開採，然後運到北京完成設計，再運到揚州完成製作，又運回北京最後題刻詩文，前後共歷時十餘年。

唯有大禹的事跡可顯示朕的賢明。

乾隆皇帝為什麼要花這麼多人力和財力來製作完成這件大禹治水圖玉山呢？有人說這塊玉山原料很大，很適合用來表現大禹治水這樣卓絕的功績，也能夠最大限度地發揮玉山原料的優勢；也有人說這和乾隆皇帝的好大喜功有很大關係，他希望通過這座玉山來表明自己向古代聖賢學習的用心，以顯示帝國在自己統治下的繁榮與強盛。

愛玉的乾隆皇帝

乾隆皇帝本人對玉十分癡迷，我們通過一個數字就能感受得到：作為歷史上特別愛寫詩的一個皇帝，有人統計過，在他留下來的眾多詩詞中，關於玉器的就有八百多首。

乾隆皇帝不僅經常欣賞和評鑒這些玉器，甚至還去指導生產製作。這些都在一定程度上提升了玉器製作的藝術水平，所以很多人認為，在乾隆皇帝在位的幾十年時間裏，清代的宮廷玉器出現了空前繁盛的局面，大禹治水圖玉山就是其中最具有代表性的作品。

圖 3.3.11
乾隆皇帝

你 知 道 嗎

和田玉為什麼這樣珍貴

和田玉因出產在和田縣而得名，因為產地屬崑崙山脈，所以也被人們稱作崑崙玉；又因為和田縣是古代西域于闐國的中心，所以還有人稱之為于闐玉。和田玉之所以受到大家的喜愛，其實主要是因為它本身魅力四射。和田玉表面有著油脂般的光澤，質地非常細膩，有微微的透明度，而且裏面的雜質很少。這些特點都是其他很多玉石所不具備的。長久以來，中國人就有使用和田玉的傳統，有的會用在宗教祭祀方面，有的會用來作為身份地位的象徵，還有的會用作財富的體現。

你聽說過金鑲玉嗎

來看看這是什麼？對了，是 2008 年北京夏季奧運會的獎牌，它的名字叫金鑲玉。顧名思義，這獎牌就是以金、玉組合而成的，創意取自龍紋玉璧的造型，用極具中國傳統文化特色的元素表達著美好、尊貴。在獎牌中使用這樣精巧的

設計不僅讓全世界眼前為之一亮，也使一種名為
金鑲玉的金玉結合的工藝產品成為很多人追捧的
對象。而這種工藝，在清代以前便已出現並廣泛
應用了。

圖 3.4.1
2008 年北京夏季奧運會獎牌

國 寶 檔 案

身世揭秘：在中國古代，很多不同造型的玉器會被當作禮器來，祭祀神靈和祖先。玉琮就是其中一種很重要的禮器。它長得很像一個中空的管道，裏面部分是圓形的，外層部分是方形的。這件良渚文化時期的玉琮，因為造型最大、製作最精、紋飾也最美，所以有人給它起了一個特別霸氣的綽號——玉琮王。

玉琮的四面上下各刻有一個很奇怪的圖像，既像神人，又像獸面，單個圖像的高度大約三厘米，寬度有四厘米。這種神人獸面的複合圖像是良渚文化很典型的紋樣，以轉角的地方作為中軸展開，顯得更加立體。為什麼先民會造出這樣的

圖 3.5.1
玉琮

玉器呢？有人說玉琮是那時的祭司們溝通天地時
用到的法器，也有人說玉琮很有可能是用來祭祀
日月的。

青白玉夔鳳紋子剛款尊

年代：明代

器物規格：高 10.5 厘米，口徑 6.8 厘米，
　　　　　底徑 6.5 厘米

出土時間：1962 年

出土地點：北京市西郊黑舍里墓

所屬博物館：首都博物館

身世揭秘：1962 年，北京師範大學在修建房
屋時意外發現了五座墓葬，其中一座的墓主人是
康熙皇帝的輔政大臣索尼七歲的孫女黑舍里。墓
裏出土了很多精美的文物，其中最著名的就是青
白玉夔鳳紋子剛款尊，現在被收藏在首都博物館。

圖 3.5.2
青白玉夔鳳紋子剛款尊

這是一件仿古玉器，用心觀察，會在尊的蓋子上發現三隻立體雕刻出來的小動物——獅子、老虎和辟邪（中國古代傳說中的一種神獸）。在尊的身體部分還用浮雕的方法，雕刻著精美的花紋。這件玉器之所以著名，還因為這是迄今為止在北京地區出土的唯一一件帶有“子剛”款的玉器。子剛又是誰呢？他名叫陸子岡，生活在明代嘉靖和萬曆時期，不僅是當時蘇州琢玉的大師，還是整個明代琢玉行業的代表人物。

翠玉白菜

年代：清代

器物規格：長 18.7 厘米，寬 9.1 厘米，
　　　　　厚 5.07 厘米

出土地點：清宮舊藏

所屬博物館：台北“故宮博物院”

圖 3.5.3
翠玉白菜
台北“故宮博物院”館藏

身世揭秘：去台北“故宮博物院”，就一定要去看看那裏珍藏著的一件著名的珍貴文物——翠玉白菜，似乎只有在親眼看到翠玉白菜之後，參觀才算圓滿了。

翠玉白菜的玉料本身呈半白半綠的自然色澤，把它雕刻成白菜的造型，綠色的菜葉和白色

的葉柄層次明顯。菜葉的頂端還雕著兩隻小昆蟲，一隻是蝗蟲，一隻是螽斯。為什麼選擇這兩種小蟲子呢？原來它們產卵特別多，有多子多孫的寓意。據說這件翠玉白菜原來放在北京紫禁城中，是光緒瑾妃的嫁妝，後來成為台北"故宮博物院"的珍藏。

圖 3.5.4
肉形石
台北"故宮博物院"館藏

　　台北"故宮博物院"珍藏著六十多萬件珍貴文物，由於展廳面積有限，只能輪班展出，但有三件寶物幾乎沒有換過，它們是——毛公鼎、肉形石和翠玉白菜。

　　其實翠玉白菜的身上也有瑕疵。2004 年春天，翠玉白菜和一百多件台北"故宮博物院"的珍寶在高雄市美術館展出了三個月，回院後工作人員發現菜葉頂端螽斯左側的長鬚，居然有一段一厘米的缺損。這個發現頓時引起了軒然大波。經過查證才發現，原來這個缺損早在 1992 年的時候就被當時的工作人員無意間發現了，對照二十世紀六十年代的老照片，發現那時就已經有缺痕。至於這件寶貝具體是什麼時候被損壞的，已經不得而知了。

和闐白玉錯金嵌寶石碗

年代：清代

器物規格：高 4.8 厘米，口徑 14.1 厘米，
　　　　　足徑 7 厘米

出土地點：清宮舊藏

所屬博物館：故宮博物院

　　身世揭秘：這隻碗是清代皇宮裏面的舊藏，用和田白玉做成，碗壁特別薄，兩個耳朵就像桃子一樣，在碗的外壁上還嵌著金的枝葉和紅寶石，碗底的圈足部分被工匠們做成花瓣的樣子。仔細欣賞，溫潤的白色，富貴的黃色，還有濃艷的紅色相互映襯，顯得非常奢華美麗。在碗的內壁上還刻著乾隆皇帝的御製詩一首，碗底的中央有“乾隆御用”四個字。

圖 3.5.5
和闐白玉錯金嵌寶石碗

這件玉碗的精妙之處到底在哪呢？首先是玉碗的碗壁非常薄，看上去晶瑩剔透，放在燈光下面甚至很容易就透過光來，花紋也很有特色，有著明顯的異域風情；其次是錯金嵌寶石工藝非常難得，金色的枝葉，還有一百多顆紅色寶石被嵌在本來就非常薄的碗壁上，高超的工藝讓這件玉碗更加珍貴。玉碗製成之後，乾隆皇帝特別喜歡，甚至在慶典活動時還把它當作賜茶的用具。

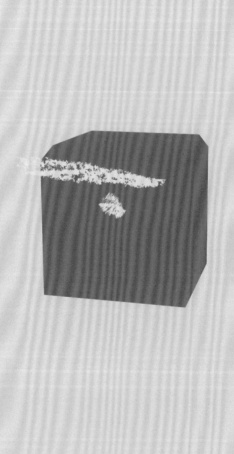

第 **4** 章

從曾侯乙墓漆棺到太和殿龍椅

明代景泰年間，掐絲琺瑯工藝獲得了前所未有的發展，尤其是以寶石一樣的藍色最為漂亮，所以人們就用皇帝的年號，加上精緻的藍色，將這種特別的工藝作品叫作景泰藍。2000 年，景泰藍入選中國非物質文化遺產名錄。

漆器、玻璃、琺瑯、家具的故事

漆器

　　說到漆器，可能大家會覺得陌生，漆器到底是什麼呢？其實漆器就是在用木頭或竹子等材料做成的胎體上，塗抹上一層天然漆製作成的器物。這種塗漆的方式還有個特殊的名字，叫作"髹"。中國是世界上最早發明和使用漆器的國家，歷史可以回溯到六千多年前。在河姆渡文化遺址中發現的一件朱漆大碗就是有力的證據。古代的人們喜歡漆器，是因為它有著難得的實用性和藝術性，實用性體現在採用塗漆的方式能夠延長器物的使用壽命，而藝術性則體現在表面的漆層可以增強器物的美感。怪不得漆器自從出現之後儘管受到青銅器、瓷器等的排擠，卻始終都以各種形式出現在古人的生活中。在曾侯乙墓出土的一萬餘件文物中，漆器以精美的造型、華麗的紋飾，吸引著人們的目光。

　　不同的歷史時期，漆器可以表現出不同的

漆器與瓷器大作戰！

特點。起初，在青銅器盛行的時代裏，漆器並沒有被人們重視，到了春秋戰國時期，為了滿足人們日常生活的需求，漆器迅速發展起來，並且在漢代時形成了第一個高峰，出現了品種繁多的漆器。但是好景不長，東漢開始，瓷器大量出現，漆器慢慢從日常生活中退了出來，轉而朝著藝術品的方向發展了。

玻璃

玻璃是一種我們經常會見到的東西，人們喜歡它不僅僅是因為它漂亮的光澤，還因為它和科學緊密聯繫，改變了我們的生活。

玻璃何時出現在中國？人們在位於陝西和河南的西周墓葬中，已經發現過人工合成的半透明珠管。大部分專家認為，到了戰國中期，中國的玻璃製作技術已經成熟了。但是大家不要以為那時的玻璃和今天的長得一樣，那時的鉛鋇玻璃，透明度遠遠不及今天的玻璃，而且製作方法也很特別，居然是像製作青銅器一樣鑄造出來的。

到了兩漢時期，隨著中西方交流的增多，產自羅馬帝國的玻璃經常會出現在墓葬中。魏晉南北朝時，中國工匠們終於學會用西方的吹製法來燒造玻璃器。至隋唐時，皇室貴族的生活中出現

圖 4.1.1

漢代（右）與唐代（左）的
玻璃器皿

圖 4.1.2

東漢絞胎玻璃瓶

洛陽博物館館藏

圖 4.1.3

盤口細頸淡黃色玻璃瓶

陝西歷史博物館館藏

了更多來自西方的高檔玻璃。再後來,來自伊斯蘭地區的玻璃原料也來到了中國。元代時甚至還出現了專門給皇家燒造仿玉玻璃器的機構——瓘玉局。明代的宋應星在其《天工開物》一書記錄了製作玻璃的全過程。

中國的玻璃製作在清代時達到了頂峰,玻璃製作工藝和水平已經能夠和西方相抗衡了。雍正皇帝曾經設立玻璃治所,光緒皇帝在推行新政的時候,還開設過官辦的玻璃公司,連技師都是從德國聘請來的。今天,玻璃已經滲透到人們生活中的很多方面,從窗戶到眼鏡,從實用器皿到藝術作品,玻璃用它的色彩和光澤裝點著我們的生活。

琺瑯

很多到北京旅遊的朋友,回家時都會帶一兩件景泰藍小工藝品。什麼是景泰藍呢?它的學名是銅胎掐絲琺瑯,是在銅質的胎體上,用細細扁扁的銅絲作為線條,捏製出漂亮的圖案花紋,再把五彩琺瑯填充在花紋內,經火鍍燒而形成的。在中國,景泰藍出現的時間比較晚,大約是在十二世紀的時候,隨著阿拉伯琺瑯器工匠的到來,漸漸地變成了具有中國本土特色的一種手工

圖 4.1.4
明景泰款掐絲琺瑯梅瓶
台北 "故宮博物院" 館藏

藝。明代以前的琺瑯器傳世不多，主要是香爐，
到了景泰年間，掐絲琺瑯工藝獲得了前所未有的
發展，尤其是以寶石一樣的藍色最為漂亮，所以
人們就用皇帝的年號，加上精緻的藍色，將這種
特別的工藝作品叫作景泰藍。2000 年，景泰藍入
選中國非物質文化遺產名錄。

家具

　　生活在遠古時期的人們，居所內的生活器物
大多放在地面上，沒有形成家具的概念，如果說
非得找一件家具的話，那麼，房間中央的火塘可

以稱得上是這個家裏唯一的家具了。再後來，儘管家具慢慢出現了，但是按照古人席地而坐的生活方式（其實就是跪坐在地面上），家具並不需要太大，也不需要太高。

東漢末年，來自少數民族的胡床傳到了中原，漸漸地高腳家具出現了，隋唐時期的人們就已經從席地而坐變成了垂腿而坐，大家可以試試看，是跪坐著舒服，還是垂腿坐著舒服呢？到了兩宋之後，人們的起居方式徹底發生了轉變，高型的家具更多地走進了百姓的家裏，直至今天。

明代的時候，中國的古代家具走進了真正的繁盛期，取得了很高的成就，那時的人們甚至把家具當作一件藝術品去欣賞。我們在它的身上能找到榫卯結構帶來的結構美，能找到木色紋理帶來的材質美，能找到簡練造型帶來的造型美，還能找到樸實簡單的裝飾美。

不 凡 身 世

　　1977 年 9 月的一天，一支解放軍隊伍正在湖北省隨縣（今隨州市）擂鼓墩附近的東團坡施工。爆破的時候，在本來滿是紅色石塊的山頭上，卻炸出來一大片褐色的泥土，在場的工人們並沒有多留意，但這個小小的細節卻引起了管理施工的副所長王家貴的注意。王家貴曾在北京建工學院學習，不僅有著很強的專業素養，同時還是個文物愛好者。他根據自己的經驗，推測工地下面有可能埋藏著文物，於是就把這個消息報告給了另一位負責人鄭國賢。碰巧的是，鄭國賢也是一位文物愛好者，他當即就撥通了隨縣文化館的電話，報告了現場的情況，遺憾的是並沒有引起隨縣文化館的重視。

　　施工就這樣繼續著，但是在隨後的施工中陸陸續續發現了幾件小的青銅器，包括青銅鼎和一些車馬器，而且還在土層中發現了南方楚地墓葬中常常見到的青膏泥。這些發現更加堅定了鄭國賢和王家貴兩人的推斷，儘管他們的判斷依然沒有被重視，但值得慶幸的是，他們很謹慎地要求爆破工人們在施工的時候，把炮眼深度調得淺一些，炸藥用得少一些，以免對可能出現的地下文物造成損壞。

　　轉眼就到了 1978 年 2 月，在又一次的爆破施工中，一塊石板被炸出了地面，兩位所長決定停止施工，前往隨縣縣城，向縣文化館的上級單位進行彙報。隨後縣文化館副館長王世振來到了現場，經過現場考察，初步確定是一座古墓。消息傳到了省裏，當時的湖北省博物館副館長兼考古隊隊長譚維四迅速抵達了現場，經過三天的細緻勘查和調研，最終得出了一個確切的結論：這是一個規模宏大、性質特殊的岩坑豎穴木槨墓。震驚世界的曾侯乙墓，就這樣被人們發現了。

圖 4.2.1
曾侯乙編鐘
湖北省博物館館藏

當這座大型古墓出現在世人面前的時候，人們這才發現，炮眼最深的地方距離槨蓋只有七十多厘米了，如果再向下施工，帶來的損失將是不可估量的。應當說，今天的我們，在為古墓中的文物得以完好保存而慶幸的同時，也要感謝鄭國賢、王家貴兩位所長為保護這些文物所做的堅持。

　　1978 年 4 月，經國家文物局和湖北省政府批准，古墓的正式發掘開始了，隨著發掘工作的深入，著名的曾侯乙編鐘等珍貴文物陸續出現在大家眼前。完成基本清理，經清點發現曾侯乙墓出土包括青銅器、漆器等在內共一點五萬多件文物，向人們展示了一代諸侯王華貴的生活。

差點成為遺憾的驚世發現。

鎮館之寶

漆器中的巨人——曾侯乙墓漆棺

曾侯乙墓裏眾多精美的漆器當中，最引人注目的就是墓主人的那套內外棺了。在發掘過程中，為了能夠最大限度地保護其中的文物，專家們花了整整十三天時間，才最終利用水的浮力，使得沉睡了千年的漆棺重見天日。

這件外棺是曾侯乙墓所有文物當中體積最大、單體最重的一件，高二點一九米，長三點二米，寬三點二米，重量達到了超乎想像的七噸半。厚厚的木板是怎樣連接到一起的呢？

外棺的主體是銅木結構的，厚木板被牢牢地嵌在銅框裏，結構很複雜，紋飾也很精美，尤其是漆畫的色彩非常濃艷，和畫面的內容相互呼應。畫面描繪的是一幅靈魂飛升的神秘場景。外棺一側的下方還有個故意製作出來的小洞，猜猜看它的用途是什麼呢？有學者認為這是為了墓主人的靈魂能夠自由進出而設計的，你覺得有道理嗎？我們再來看看內棺吧，內棺是用巨大的厚木板髹漆製成的，內壁塗的是朱漆，外壁則是在朱

圖 4.3.1
外棺
湖北省博物館館藏

圖 4.3.2
外棺上的小洞

漆的漆底上，用黃色、黑色和灰色描繪出了豐富
細密的裝飾圖案。神秘而美麗的圖案為今天的我
們了解戰國時人們的思想打開了重要的窗口。

內棺漆畫都是什麼內容

　　內棺漆畫的素材非常豐富，有些我們能夠辨
識出來，有些則需要我們去假設，還有些已經很難
猜到畫面背後的內容和含義了。在內棺左右兩邊的
側板上，都畫上了像窗戶一樣的小格子。據說當時
的人們認為墓主人雖然已經死去，但死後依然會在
墓中生活，這些象徵性的小窗戶讓死者的棺材更像
他死後的住所一樣。在像窗戶一樣的花紋兩邊，還

畫著幾個獸面人身、手裏握著兵器的怪物，他們又是誰呢？我們來聽聽專家們的推測吧。

有人說頭戴一個很像熊頭的假面具，腳下還踩著火焰紋的，是古代儺儀中的方相氏；而在下層位置，頭上長著角，兩腮長著鬚，很像一個羊頭的形象，有人認為他們是奴隸們裝扮的神獸；還有頭上長著雙角，人面鳥身，人腿鳥爪，張開著翅膀，擺露著尾巴的怪獸，人們把他們叫作羽人。古代時，人們幻想著死去之後，能像鳥一樣飛上天空，成為神仙。

從戰國到秦漢時期，這種思想非常流行，描繪在曾侯乙墓內棺漆畫上的羽人，也許正在等待著接引和保護墓主人曾侯乙羽化登仙。除了這些想像中的形象之外，內棺上還畫著很多動物，比

圖 4.3.3
內棺
湖北省博物館館藏

圖 4.3.4
內棺漆畫

圖 4.3.5
內棺漆畫細節

如幫助靈魂升天的鸞鳳、保護靈魂升天的朱雀和
白虎等等。

曾侯乙其人

在曾侯乙的墓葬中出土了這麼多珍貴的文
物，可見這個叫作曾國的諸侯國在春秋戰國時
期，還是有一定的實力的。但是存世的史書中卻
沒有見到過關於曾國的記載，名不見經傳的曾國
到底是個怎樣的國家呢？

其實，在今天湖北隨州、河南新野等很多地
方，都曾經出土過從西周到戰國時期帶有“曾”
字銘文的青銅器，表明曾經有一個叫“曾”的諸
侯國在這片土地上出現過。1979 年時，人們根

圖 4.3.6
矛狀銅車轄
湖北省博物館館藏

圖 4.3.7
矛狀銅車轄
湖北省博物館館藏

圖 4.3.8
曾侯乙編磬
湖北省博物館館藏

圖 4.3.9
彩漆笙笙斗
湖北省博物館館藏

據出土於湖北隨州市郊兩個青銅戈上的銘文，推斷曾國是和周王同姓的一個諸侯國，有著正宗的血統，當然疆域也不會太小。儘管我們在史料中沒有發現曾國的直接記載，但我們卻在相同的時代、相同的地域發現了一個叫作隨國的諸侯國，因此很多學者猜測，曾國有可能就是隨國，但也有很多人提出了不同的觀點。

考古工作者們根據出土的青銅器上的銘文，確認了墓主人是曾國一位叫作乙的君主。儘管有著精美棺槨的保護，但墓主人的屍體依舊完全腐爛了。人們還根據墓主人的頭蓋骨復原了曾侯乙的形象，根據對骨架的鑒定，推測出曾侯乙是在四十二歲到四十六歲之間去世的，身高應該是一點六二米左右。

中西文化交流的見證者——鴨型玻璃注

　　1965 年 9 月，人們在遼寧省北票縣境內發現了一個貴族墓葬，墓主人是十六國時期北燕的貴族馮素弗。墓葬中出土的眾多文物當中，有一件看上去非常不起眼的文物，卻被評為遼寧省博物館的鎮館之寶之一，同時也被評定為首批六十四件禁止出國參展的文物之一。它就是鴨型玻璃注。

　　這是一隻長二十點五厘米的小鴨子，質地是淡綠色的玻璃，不論從造型工藝上，還是從燒造技術上來看，它都是我們國家早期玻璃器中的精品。下面就讓我們一起欣賞一下這隻小鴨子吧。

　　小鴨子身體表面微微泛著銀綠色，上端口像是張大的鴨嘴，然後是長長的脖子、鼓鼓的肚子，後面還拖著一條細細的尾巴，鴨子脖頸一周裝飾著鋸齒紋帶，就好像身上的花色羽毛一般，背上還粘著一對三角形的翅膀，肚子下方也有一段波折紋，好像是工匠們故意做出來的鴨子的兩隻腳。看到這件鴨型玻璃注後，你會不會產生這樣一個小疑問：它的整體造型並不規則，能平穩地放在桌面上嗎？其實，在鴨肚子的下部還粘著一片圓餅狀的玻璃，可以作為器物的支點。很奇特的是，鴨型玻璃注的重心在前半部分，只有在

圖 4.3.10
鴨型玻璃注
遼寧省博物館館藏

世界上最早的玻璃出現在四五千年前的古埃及和兩河流域文明中，最初的玻璃更多的是有顏色的，被用來製作一些小的裝飾品，後來人們才漸漸學會了利用玻璃這種特殊材料來製作更多器皿。

肚子裏裝上一半水的時候，重心後移，才能平穩安放。

這件珍貴的玻璃器，不論是器型還是工藝，都和古羅馬玻璃的製作傳統和風格一脈相承，為我們了解中西方之間的文化交流提供了很重要的物證。

來自異城的奇珍

在貴族馮素弗的墓中共出土了五百多件文物，其中玻璃器有五件，雖然有的已經殘缺，但是依然能看得出當時的精美。專家們認為，這五件珍貴的玻璃器並不是國產的，而是來自遙遠的古羅馬。因為玻璃材質特別容易碎，所以我們不難想到，這件精美的鴨型玻璃注和其他幾件玻璃

用寶貝換寶貝。

器從萬里之外的古羅馬來到中國的遼西，是一件多麼不容易的事情。

綿延中西的交流

今天的遼西地區在四世紀到五世紀初，先後出現過前燕、後燕、北燕三個政權，前兩個都是鮮卑族的慕容氏建立起來的，而北燕是由漢人馮跋所建。這件鴨型玻璃注的主人馮素弗正是北燕文成帝馮跋的長弟，有著很高的地位。

除了馮素弗墓之外，在南北朝時期的遼西地區也曾出現一些來自西方的玻璃器。那麼，它們是如何在動蕩不安的年代傳入中國的呢？有學者認為，魏晉南北朝時期，很多民族政權紛紛建立起來，使絲綢之路時斷時續，所以人們又在中國的北部發展出一條新的商貿路綫，經內蒙古、山西和河北，最終到達遼西，史稱北方草原絲綢之路。在這條商路上，曾經發現過東羅馬帝國的金幣、西亞的金銀器等等，說明了這條草原絲綢之路在溝通中西方交流方面曾發揮重要作用。

紫禁城中的珍寶

——掐絲琺瑯纏枝蓮紋象耳爐

圖 4.3.11
掐絲琺瑯纏枝蓮紋象耳爐
故宮博物院館藏

在故宮所藏一百八十多萬件文物中，共有元代到民國時期的各類金屬琺瑯器六千多件，其中掐絲琺瑯器四千多件，收藏數量堪稱世界之最。這些掐絲琺瑯器大部分是明清兩代的皇家製作的，也有一些來自廣東等地商營作坊的琺瑯製品。在眾多精品當中，有一件掐絲琺瑯纏枝蓮紋象耳爐尤為奪目，我們一起來認識一下它吧。

這件象耳爐是圓形的，腹部鼓起來，用紅色、白色和黃色纏枝蓮花作為裝飾，一共有六朵花；而在頸部的口沿邊上，也是用紅色、白色、黃色和紫色的菊花來裝飾的，快數數看，一共是多少朵菊花呢？象耳爐底足一圈是紅白兩色的蓮瓣紋，看上去非常大氣。

這個象耳爐可不是一次製作完成的，象耳爐的銅膽、象耳和圈足都是後配的，為什麼呢？原來景泰年間的很多掐絲琺瑯器都是在前代器物的基礎上改造的。這件象耳爐就是工匠們在元代琺瑯器的基礎上加工完成的，所以在它的身上，既有元代的特點，又有明代的創新。

什麼是琺瑯呢

　　其實，琺瑯和瓷器表面的釉層等質地大同小異，是覆蓋在器物表面上的一種玻璃質材料。它可不是自然界中的一種礦物，而是用常見的石英、長石、硼砂、氟化物等原料按照一定的比例混合，再加入能夠燒製出不同顏色的金屬氧化物混合起來的。這種混合物經過研磨成粉之後，可以塗施在器物表面，再經過八九百攝氏度的低溫燒造，就能燒出晶瑩光亮、色彩多變的琺瑯器了。

　　根據製作技術的不同，琺瑯器也有不同的分類，主要有掐絲琺瑯、鏨胎琺瑯、畫琺瑯。其中掐絲琺瑯就是景泰藍，鏨胎琺瑯的工藝就更加複雜了，如果把琺瑯工藝應用在瓷器上面，和中國傳統的製瓷結合起來，就是著名的瓷胎畫琺瑯。時代不同，景泰藍呈現出的色彩也有很大的變化，比如明代景泰年間出現的葡萄紫、翠蘭和紫紅，清代康熙乾隆時期出現的粉紅、銀黃和黑色等，都融入了高度的藝術性，使景泰藍看上去更加光彩奪目。

　　雖然琺瑯器並不是誕生於中國，但中華文化卻給它提供了發展的優質土壤，人們在製作琺瑯器的過程中不斷吸收青銅器、瓷器等工藝的技

圖 4.3.12
掐絲琺瑯龍耳罍
中國國家博物館館藏

圖 4.3.13
掐絲琺瑯魚藻紋高足碗
中國國家博物館館藏

巧，還引入了傳統繪畫和雕刻的特點，讓美麗的
景泰藍增添了無窮的東方魅力。

帝王御座——太和殿龍椅

　　紫禁城裏的太和殿，是明清兩代的皇帝舉
行盛大典禮、發佈號令、命將出征的重要場所，
也是紫禁城等級最高、裝飾最富麗、單體建築最
大的宮殿，人們常把它稱作金鑾寶殿。太和殿中
那把雕龍髹金的大椅子就是皇帝的御座，威嚴肅
穆、氣勢非凡。

　　這把天下第一的龍椅到底有什麼特別之處？
首先是它真的很高大，尤其是它安放在空間巨大

的太和殿內，還立在七級高台之上，有力地彰顯了皇帝的威儀；第二是氣派的裝飾，龍椅下有須彌底座（指安置佛、菩薩像的台座），在中間束腰的地方雕刻著雙龍戲珠的造型，椅背以及兩邊扶手等處都有金龍圍繞，尤其是組成背圈的三條金龍，既滿足了椅子背圈在實用功能方面的需要，同時還利用柱子和空隙的地方展現了金龍蜿蜒凌空的效果，其餘部位裝飾有雲紋、捲草紋等，通體髹金並鑲嵌紅藍寶石裝飾，真是無比奢華；第三是和椅子後邊雕龍髹金大屏風相匹配，與四周陳設相融合，與六根貼金巨柱相輝映，更顯出了這把大椅子的金碧輝煌。大家可以想像一

圖 4.3.14
太和殿御座（龍椅）

圖 4.3.15
太和殿

下，當皇帝坐在這個大龍椅上，望著太和殿中大
臣們時是怎樣的心情呢？

坐在龍椅上舒服嗎

　　根據故宮博物院已故老專家朱家溍先生的
考證，這把雕龍髹金大椅應該是明代的時候製作
的，很有可能是嘉靖皇帝在重建皇極殿，也就是
今天的太和殿時一起完成的。清代康熙年間重修
太和殿時，對這把龍椅進行了修理，一直沿用到
清代末年。

　　不過，大家可不要以為這龍椅坐上去會很
舒適，它雖然看著非常華美，但真正坐上去卻並

龍椅一坐，
江山在握！

不那麼舒服，周身纏繞的那十三條金龍更是不能
輕易觸碰。據說皇帝就座時，要在椅子三面都放
置墊子，才能在較為舒適的前提下，保持天子的
威儀。

不同尋常的經歷

　　這件難得的寶座，相傳還有一段特別不尋常
的經歷。1915 年底，袁世凱復辟稱帝，據說他
曾下令把太和殿內的匾額全都拆了，且覺得這件
雕龍鬆金大椅不好看，將它挪到他處，重新訂製
了一把中西結合、不倫不類的椅子，放在了七扇
鬆金大屏風前面。他還害怕屋頂上明辨是非的軒
轅鏡掉下來砸到自己，便把整個寶座向後挪動了
一些。當然，這只是傳聞，未必是史實。

　　到了 1947 年，故宮博物院接收古物陳列所

時，打算把這把難看的椅子撤去，換上原配的龍椅，但找了好幾把椅子都不合適，難以和後面的雕龍髹金大屏風相協調。這時人們才發現，原來的那把龍椅已經不知去向。直到 1959 年，朱家溍先生才對照著一張 1900 年的舊照片，在一個存放宮廷舊家具的庫房裏找到了已經殘破不堪的雕龍髹金大椅。1963 年，故宮博物院組織油工、木工、雕工等工人，對照寧壽宮內以及康熙皇帝的朝服畫像中的龍椅進行細緻修復，這才有了我們今天看到的太和殿龍椅。

你知道嗎

木屐是中國人的發明

說到日本人的服飾，很多人都會想到他們腳上的木屐，走起路來發出噠噠的聲音，但木屐是日本人發明的嗎？1987年考古工作者們在安徽馬鞍山的朱然墓中，發現了一雙精美的漆木屐，距今已經一千七百多年了，充分證明木屐是中國人的發明，是後來才傳到日本去的。這雙漆木屐前後都是圓頭，呈現橢圓形的樣子，木屐的屐板和下面的屐齒是用一整塊木料雕鑿而成的，表面鑲嵌了細小的彩色石粒，上漆打磨平整後露出來滿滿的彩色斑點，非常漂亮。儘管朱然墓的這雙木屐是迄今為止發現最早的漆木屐，但還不是中國最早的木屐。最早的木屐出現在浙江寧波的良渚文化遺跡中，距今已經四千多年了。

圖 4.4.1
良渚文化木屐

圖 4.4.2
朱然墓漆木屐
馬鞍山市博物館館藏

澄泥硯是石還是陶

　　古代時，人們把筆墨紙硯叫作文房四寶，這種說法一直流傳到了今天，相信大家都聽過。但你聽過"四大名硯"的說法嗎？從唐代開始，人們把端硯、歙硯、洮河硯和澄泥硯合起來稱作"四大名硯"。要和大家說明的是，前三種硯台的原料都是石頭，就只有澄泥硯是非石材的品種，它是用經過澄洗的細泥作為原料，加工後燒製而成的，在河南虢州、山西絳州、山東青州等地方都有生產。人們為什麼會喜歡這種陶硯呢？這主要是因為澄泥硯質地細膩，就像嬰兒的皮膚一樣，而且還有不乾涸、不結冰、不損傷筆毫等特點。澄泥硯因為是陶，不是石，所以會呈現出不同的顏色。

圖 4.4.3
雲龍紋澄泥硯

國寶檔案

司馬金龍墓漆屏

年代：北魏

器物規格：每扇長約 80 厘米，寬約 20 厘米，
　　　　　厚約 2.5 厘米

出土時間：1965 年

出土地點：山西省大同市石家寨村

所屬博物館：大同市博物館

身世揭秘：484 年病逝的司馬金龍是皇族後裔，與妻子合葬一墓，墓裏面陪葬了很多珍貴的文物。古墓很多年前曾被盜掘過，但仍然有很多文物出土，其中最珍貴的是這套漆屏風。屏風是古代用在建築內部的一種常見家具，可以起到分隔室內空間、美化協調佈局等作用。這件漆屏風是用雙面髹漆的模板製作而成的，看上去顏色很鮮亮，有黑色、白色、綠色和橙色等，原來兩面都描繪了很精美的畫作，但出土時朝下的一面已經腐朽不堪，只有朝上的一面完好地保存下來。

漆屏上描繪了舜帝恪守孝道以及班婕妤等人

圖 4.5.1
司馬金龍墓漆屏

物故事，大部分內容出自西漢時劉向所寫的《列女傳》。漆屏上還有題字，字寫得非常漂亮，是不可多得的書法作品。

總體看來，這件珍貴的北魏漆屏，不僅是一件精美的家具，更是一件集合了繪畫和書法的精美藝術品。

水晶杯

年代：戰國

器物規格：高 15.4 厘米，口徑 7.8 厘米，
　　　　　底徑 5.4 厘米

出土時間：1990 年

出土地點：浙江省杭州市半山鎮石塘村

所屬博物館：杭州博物館

圖 4.5.2
水晶杯

身世揭秘：1990 年，工作人員正在對杭州半山鎮石塘村的一處戰國墓葬進行考古發掘，當挖到距離地面一米深的時候，泥土裏忽然出現了點點晶瑩的亮光，半小時後，一件通體透明的水晶杯出現在大家面前。

大家可能會疑惑，兩千多年前的戰國時期就已經有水晶製品了嗎？其實先民使用水晶的歷史非常悠久，甚至可以追溯到了北京人生活的年

代。戰國時期隨著玉器的發展，水晶的製作工藝也達到了全新的水平。這件水晶杯太乾淨、太精緻，以至於很多人都不相信它已經兩千多歲了。當它被送到北京鑒定的時候，考古學家蘇秉琦先生連連稱讚它是國寶。

這件水晶杯的用途又是什麼呢？有人猜測可能是墓主人生前所使用的器物，也有人說這麼珍貴的器物，可能與某種信仰或祭祀活動有關。

清乾隆攪玻璃瓶

年代：清代
器物規格：高 20.8 厘米，口徑 11 厘米
出土地點：清宮舊藏
所屬博物館：故宮博物院

身世揭秘：清代的時候，為了適應皇家對玻璃器使用的需求，康熙皇帝在養心殿造辦處設立了玻璃廠。由於康熙、雍正和乾隆三位皇帝的提倡和扶持，那時燒造出了很多精美的玻璃器。後來雖然玻璃廠一直都在運轉，但是由於清朝的國力漸漸衰微，產量大不如從前，至宣統三年停產。這件攪玻璃瓶就是玻璃廠燒造出來的，是清宮舊藏。

圖 4.5.3
清乾隆攪玻璃瓶

這件瓶子的瓶口像個小喇叭，口沿還微微向外撇著，脖子幾乎佔到了器身的一半，腹部鼓起來，在接近底部的時候收緊，在底足的位置還刻著楷書“乾隆年製”四個字，表明這又是一件乾隆皇帝在位時的藝術品。其實這件玻璃瓶最吸引我們的還不是它的樣子，而是它身上變化的顏色，在口沿和底足的碧綠色中間，白色、紅色和藍色以相間的方式，旋轉向斜上方纏繞著整個瓶身，看上去特別飄逸，讓靜止的玻璃瓶多了一份動感，更讓人不得不讚嘆古人的智慧和高超的技藝。

戧金雲龍紋朱漆木箱

年代：明代
器物規格：高 61.5 厘米，寬 58.5 厘米
出土時間：1971 年
出土地點：山東省鄒城市明魯王朱檀墓
所屬博物館：山東博物館

身世揭秘：山東省鄒城市九龍山有座魯王陵，它的主人是明太祖朱元璋的第十個兒子朱檀。在這座明代藩王的墓葬中出土了一件珍貴的木箱，它的全名很長，叫作戧金雲龍紋朱漆木

箱。木箱的箱板很薄，厚度大約只有一厘米，正面髹朱漆，裏面髹黑漆，並且還用戧金的方法描繪出了精美的花紋。

為什麼要給大家介紹這件看上去十分低調的木箱呢？因為它運用了非常複雜的戧金工藝。所謂戧金工藝，是在乾到了一定程度的朱漆上，用刀刻畫出纖細的花紋，然後在花紋裏打上金膠，再把金箔黏進去，最後形成平整的金色花紋的一種工藝。

這項工藝很早就被先民掌握了，只是到了南宋、元代的時候戧金製品才被比較集中地生產出來。這件明代初年的戧金家具給我們展示了那時高超的戧金技藝，尤其是箱子頂部的龍紋，利爪突出來，盤升在雲間，向人們展示著明代皇家的威嚴。

圖 4.5.4
戧金雲龍紋朱漆木箱

博物館參觀禮儀
小貼士

　　同學們，你們好，我是博樂樂，別看年紀和你們差不多，我可是個資深的博物館愛好者。博物館真是個神奇的地方，裏面的藏品歷經千百年時光流轉，用斑駁的印記講述過去的故事，多麼不可思議！我想帶領你們走進每一家博物館，去發現藏品中承載的珍貴記憶。

　　走進博物館時，隨身所帶的不僅僅要有發現奇妙的雙眼、感受魅力的內心，更要有一份對歷史、文化、藝術以及對他人的尊重，而這份尊重的體現便是遵守博物館參觀的禮儀。

　　一、進入博物館的展廳前，請先仔細閱讀參觀的規則、標誌和提醒，看看博物館告訴我們要注意什麼。

　　二、看到了心儀的藏品，難免會想要用手中的相機記錄下來，但是要注意將相機的閃光燈調整到關閉狀態，因為閃光燈會給這些珍貴且脆弱的文物帶來一定的損害。

三、遇到沒有玻璃罩子的文物，不要伸手去摸，與文物之間保持一定的距離，反而為我們從另外的角度去欣賞文物打開一扇窗。

四、在展廳裏請不要喝水或吃零食，這樣能體現我們對文物的尊重。

五、參觀博物館要遵守秩序，說話應輕聲細語，不可以追跑嬉鬧。對秩序的遵守不僅是為了保證我們自己參觀的效果，更是對他人的尊重。

六、就算是為了仔細看清藏品，也不要趴在展櫃上，把髒兮兮的小手印留在展櫃玻璃上。

七、博物館中熱情的講解員是陪伴我們參觀的好朋友，在講解員講解的時候盡量不要用你的問題打斷他。若真有疑問，可以在整個導覽結束後，單獨去請教講解員，相信這時得到的答案會更細緻、更準確。

八、如果是跟隨團隊參觀，個子小的同學站在前排，個子高的同學站在後排，這樣參觀的效果會更好。當某一位同學在回答老師或者講解員提問時，其他同學要做到認真傾聽。

記住了這些，
讓我們一起開始
博物館奇妙之旅吧！

博樂樂帶你遊博物館

我博樂樂來啦，哈哈！上次帶著大家遊覽了幾個很有特色的博物館，相信大家已經領略到了博物館的神奇！這次，讓我們繼續博物館之旅，去探尋博大精深的華夏文明，去聆聽那些隱藏在文物背後的故事……

小提示

中國國家博物館位於天安門廣場東側，不設停車場，最便捷的交通方式是乘坐地鐵和公交，在天安門東站下車。博物館提倡先預約、後參觀的方式，可以通過網站、電話等方式提前預約門票，省去排隊領票時間。

中國國家博物館

地址：北京市東城區東長安街十六號

開館時間：周二至周日 9:00—17:00

周一閉館（含國家法定節假日）

門票：預約或現場領取免費參觀票

電話及網址：010-65116400

http://www.chnmuseum.cn/

　　周末，匆匆吃完早餐，我和朋友們趕緊出門了，我們的目的地是中國國家博物館。這次，不僅是參觀，還帶著老師佈置的一個作業，要大家找到一隻頭上長兩隻角的青銅犀牛。我和大家準時趕在九點前到達了博物館北門，因為提前預約了門票，大家沒有排隊就很快進入了館內。

中國國家博物館的展出好豐富！

　　根據指示牌，我們直奔地下一層的“古代中國”陳列。這個陳列展，聽說單程展綫有三公里長，要走下來不是件輕鬆的事，更別說把兩千多件文物看個遍。我們一邊看文物，一邊認真做著筆記。終於，大家在秦漢部分找到了老師讓我們找的那隻青銅犀牛，原來它的名字叫錯金銀雲紋青銅犀尊。

　　從“古代中國”展廳出來時已經是中午了，本想回家吃飯，但我們還想再去樓上看看著名的后母戊鼎，所以大家又忍著飢餓上了第四層，來到了“中國古代青銅藝術”展廳。

　　在青銅展廳裏，我認識了一個非常和藹可親的老奶奶，她是博物館的義務講解員。

　　聽完她關於后母戊鼎的精彩講解後，我和朋友們按照老奶奶的推薦，來到位於三層的六個大蛋一樣的建築旁。這裏是觀眾體驗區，裏面有很多小朋友做的竹簡、陶器、繪畫等，下次參觀後我也要在這裏動手做個小手工。

　　下午兩點多我們終於走出了博物館，雖然很累，但是收穫了很多，看來博物館並不是只來一次的地方，要把這麼多精彩的展覽看完，是一個長期的工程，回去的路上大家一邊議論著剛才那隻大犀牛，一邊商量著下周還要再來。

首都博物館

地址：北京市西城區復興門外大街十六號

開館時間：周二至周日 9:00—17:00

　　　　　周一閉館（國家法定節假日除外）

門票：預約或現場領取免費參觀票

電話及網址：010-63370491

http://www.capitalmuseum.org.cn/

　　上周，來自首都博物館的一位老師為我們學校上了一堂課，講的是“北京都城史”，由此大家了解了北京是一座擁有三千多年建城史、八百多年建都史的古老城市。這個周末，我一早就來到了位於復興門外大街的首都博物館，但因為匆忙，忘記預約門票了，還好可以現場領門票。

在展廳裏，我知道了北京地區的第一位"領導"（諸侯王）叫作"克"。

首先來到位於方形展廳二層的"古都北京‧歷史文化篇"，這個展覽以北京文化為主綫，以時代演進為順序，展示了北京從原始聚落到形成城市，從中國北方的中心躍升為統一的多民族封建國家的都城、共和國首都的歷史進程。

來之前我其實已經做了功課，知道樓上五層
的"京城舊事·老北京民俗展"會有很有趣的傳
統節目的演出，看著時間差不多了，直奔五層！
一進展廳就看到一支喜氣洋洋的送親隊伍，展覽
每部分都被安排在不同的小四合院內，非常有老
北京的味道。遠遠地就聽到一個爺爺的吆喝聲，
走近一看，原來是在為現場的小朋友們表演拉洋
片呢，我也湊前看了一場。

離開了老北京民俗展廳，給外地的好朋友寄張明信片吧，在地下一層的書店裏，我挑了一張首都博物館外觀的明信片，寫好祝福的話後投遞進旁邊的郵筒裏。

參觀完後，往博物館外走著，我想到下次再有講述北京的課程，可以向老師建議到首都博物館上，和同學們一起來參觀。

小提示

首都博物館內提供人性化的接待服務，同時有專業的導覽和講解，不定期還會有專家講座和講解。地下一層設有彩陶坊和七彩坊，為小朋友們提供動手體驗的學習項目，同時設有餐廳、書店等休閒服務場所。

河南博物院

地址：河南省鄭州市北部農業路八號

開館時間：周二至周日 9:00—17:30

（冬季開放時間為 9:00—17:00）

周一閉館（國家法定節假日除外）

門票：預約或現場領取免費參觀票

電話及網址：0371-63511237

http://www.chnmus.net/

小提示

河南博物院由 1927 年在開封創建的河南博物館發展而來，七十多年時間裏先後更名"民族博物院""省立博物館"等，並在 1961 年遷至鄭州，1997 年與中原石刻藝術館合併，更名為河南博物院，館藏文物十三萬餘件。

今天我要出趟遠門，從北京坐高鐵去位於鄭州市的河南博物院。從上古時代起，地處黃河流域的河南就是中華民族的發源地之一，留下了洛陽、開封、安陽等歷史文化名城。在學校時，我就常聽身邊的朋友說，要想了解華夏歷史的起源，一定要去河南博物院。今天我的夢想終於要實現了。

進入中央大廳，首先看到一組由一個古人和兩隻大象組成的雕塑群，這是什麼意思呢？左手邊就是河南博物院的基本陳列"中原古代文明之光"了，匯集了兩千多件精美的文物，展示了中原文明演進的脈絡。

小提示

河南博物院在綜合了專家和觀眾的意見後，評選出了十大鎮館之寶，分別是蓮鶴方壺、賈湖骨笛、雲紋銅禁、象牙蘿蔔和白菜、杜嶺方鼎、婦好鴞尊、玉柄鐵劍、四神雲氣圖、武則天金簡和汝窯天藍釉刻花鵝頸瓶。

河南博物院除了基本陳列外，還有"中原楚系青銅藝術館""明清珍寶館""河南現場古代玉器館""天地經緯"等主題陳列，除此之外，還會不定期開設一些臨時展覽，涉及面廣，不乏來自國外的文物精品、繪畫作品等。

除了"中原古代文明之光"基本陳列外，我一口氣把剩下的幾個主題陳列也都看了個遍，最喜歡的是"中原楚系青銅藝術館"中的蓮鶴方壺，還有"明清珍寶館"裏的象牙蘿蔔和白菜，上面雕刻的小蟲子栩栩如生。對了，在展廳裏，我還見到了一個只有十來歲的小朋友在給觀眾講解呢。

我們也要向他學習，做博物館裏的小專家！

　　剛過午飯時間，我聽到旁邊有觀眾急匆匆地趕去一層，說是要去聽一個華夏古樂表演，趕快湊熱鬧地跟了去，花了十塊錢買門票，隨著燈光漸漸暗下來，從舞台上飄來悠遠空靈的鼓樂聲聲，真的是太美妙了。一天的中原之行結束了，真是不虛此行，中華文明之光閃耀的地方，有著這麼多值得我們發現的寶藏！

責任編輯　李　斌
封面設計　任媛媛
版式設計　吳冠曼　任媛媛

書　　名　博物館裏的中國

發現絕妙器皿

主　　編　宋新潮　潘守永

編　　著　張鵬

出　　版　三聯書店（香港）有限公司
　　　　　香港北角英皇道 499 號北角工業大廈 20 樓
　　　　　Joint Publishing (H.K.) Co., Ltd.
　　　　　20/F., North Point Industrial Building,
　　　　　499 King's Road, North Point, Hong Kong

香港發行　香港聯合書刊物流有限公司
　　　　　香港新界大埔汀麗路 36 號 3 字樓

印　　刷　中華商務彩色印刷有限公司
　　　　　香港新界大埔汀麗路 36 號 14 字樓

版　　次　2018 年 7 月香港第一版第一次印刷

規　　格　16 開（170 × 235 mm）176 面

國際書號　ISBN 978-962-04-4268-1